OpenAI API

基礎必修課 | 使用 Python

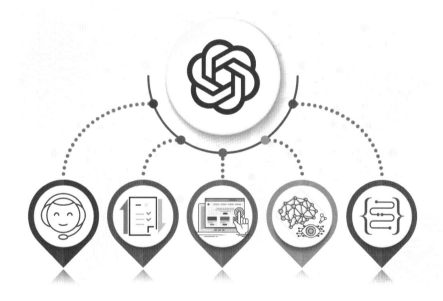

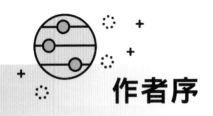

作者序

　　最近投資市場掀起一波人工智慧 AI 狂潮，資金大舉湧入 AI 科技產業，輝達（Nvidia）執行長黃仁勳因而進入富比世億萬富豪榜。在日常生活上自動輔助駕駛、客服聊天機器人、生成式影像、臉部辨識、醫療健康異常診斷、程式交易...等，AI 已經廣泛運用於各種領域，而且會不斷精進功能和效率。

　　雖然 AI 完成了大部分重複性的操作，為人類生活帶來許多便利，但是也取代多種的工作機會。許多在校同學擔心找不到工作，畢業就立即失業，但危機就是轉機，如果能夠積極投身到 AI 領域，成為 AI 的運用者甚至成為 AI 開發者，不僅不怕失業，而且能夠乘著 AI 狂潮，在浪頭上乘風破浪無往不利。

　　本書為實際教授 AI 應用程式開發、Python、C++程式設計課程的作者群，針對初學 AI 應用程式設計所應具備的基本素養所精心編寫的入門教材。書中採用大量循序漸進、深入淺出的實作範例，所舉的專題範例具代表性和實用性，能幫助讀者從中學習到 AI 應用程式設計的精神與技巧，並進一步了解 OpenAI API 的運作原理，完美結合理論與實務，不僅是自學 AI 應用程式設計的首選書籍，也是想順利開發 AI 應用程式的最佳學習讀物，更是教師授課的好教材。

　　本書囊括 OpenAI 的基本概念、OpenAI API 帳號和金鑰申請步驟、Colab 編輯環境、Chat Completions API 參數、建立第一個 OpenAI 程式的過程、建立 Gradio 互動式網頁、打造 ChatGPT 聊天網頁、整合搜尋（無礙於時空限制）、自動串接、函式呼叫和微調、Images API AI 圖形生成、電腦視覺、語音 API、飯店客服機器人專題、考卷產生器專題、網頁產生器...等專題。使用者介面則採用

Gradio，介紹了能幫助讀者快速建立互動式網頁的 Gradio 常用元件，讓 OpenAI API 應用程式介面更美觀。

本書主要特色：

- 培養 AI 應用程式設計的基本素養
- 介紹 OpenAI API 常用服務的語法和運用
- 範例內容多元且具代表性與實用性
- 使用 Gradio 快速建立互動式網頁
- 理論與實務並重，能學以致用於職場
- 建立製作簡易專題的能力

OpenAI API 功能眾多且強大，實難用一本書完整介紹。如讀者對書中的內容有疑問，歡迎來信 itPCBook@gmail.com。

我們在 YouTube「程式享樂趣」頻道（https://www.youtube.com/@happycodingfun）也提供程式設計基礎必修教學，每段影片的長度約為 3～12 分鐘，讓學習無負擔更有樂趣，歡迎訂閱。

本書雖經多次精心校對，難免百密一疏，尚祈讀者先進不吝指正，以期再版時能更趨紮實。感謝蔡文真、周家旬與廖美昭小姐細心校稿與提供寶貴的意見，以及碁峰同仁的鼓勵與協助，使得本書得以順利出書。在此聲明，書中所提及相關產品名稱皆為各所屬公司之註冊商標。

微軟最有價值專家、僑光科技大學多媒體與遊戲設計系 副教授 蔡文龍

何嘉益、張志成、張力元 編著

2024.05.20 於台中

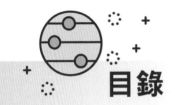

目錄

Chapter 1　OpenAI API 申請與入門

Chapter 2　第一個 OpenAI API 程式

Chapter 3　Chat Completions API 參數說明

Chapter 4 Gradio 互動式網頁

Chapter 5 打造 ChatGPT 聊天網頁

Chapter 6 整合搜尋 - 無礙於時空限制

Chapter 7　自動串接、函式呼叫與微調

Chapter 8　Images API AI 圖形生成

Chapter 9　電腦視覺

Chapter 10 語音 API

Chapter 11 OpenAI API 專題實戰

▼下載說明

本書範例檔請至以下碁峰網站下載

http://books.gotop.com.tw/download/ACL070600

內容僅供合法持有本書的讀者使用，未經授權不得抄襲、轉載與散佈。

OpenAI API 申請與入門

1.1 OpenAI API 簡介

ChatGPT (Chat Generative Pre-trained Transformer，聊天生成預訓練轉換模型)，是由 OpenAI 人工智慧研究實驗室所開發的人工智慧聊天機器人程式。ChatGPT 在 2022 年 11 月發布，並且開放給所有人免費註冊，於短短兩個月內就吸引了上億個使用者，成為現今使用戶數成長速度最快的系統。

ChatGPT 是經過強化學習訓練的語言模型，可以用人類的自然對話方式與使用者進行互動，並且完成使用者所指定的任務。如此一問一答的互動模式，對於一般用戶來說可能已經足夠，但對於開發者而言，總覺得與 ChatGPT 之間隔著一道深淵，無法直接掌控。

OpenAI 基金會瞭解到開發者的強烈需求，並且快速地提出解決方案。在 2023 年 3 月，OpenAI 開放一般用戶申請 OpenAI API 金鑰，這 API 金鑰可直接呼叫 OpenAI API。讓開發人員可藉由此一 OpenAI 程式介面 (OpenAI API)，進行文本生成 (Text generation，或稱文字生成，就像 ChatGPT 一樣)、影像生成(Image generation)、文字轉語音(Text to speech)、語音轉文字(Speech to text)、處理影像輸入(Vision) 或微調 (Fine-tuning) 模型,跨越前述鴻溝,直通人工智慧大門。

1.2 申請 OpenAI API 金鑰

OpenAI API 使用 API 金鑰 (key) 進行身份驗證,每次呼叫 OpenAI API 人工智慧服務都要上傳開發者的金鑰,例如製作客製化 ChatGPT 進行提問都要上傳開發者的金鑰。所以金鑰是屬於個人隱私,切忌與他人分享或在任何客戶端程式碼 (瀏覽器、應用程式) 中公開自身的金鑰。

1.2.1 註冊 OpenAI 帳號

要申請 OpenAI API 金鑰,需要登入 OpenAI 帳戶。本章節將介紹註冊流程,已經註冊的讀者,可略過直接跳到 1.2.2 節。在此要提醒讀者,由於目前 OpenAI 尚處於進化蛻變期,讀者實際操作時的畫面可能會和書上所截取的畫面有所差異,不過只要稍加留意,就可以在畫面的其他位置找到書中所說的項目。另外,為了防範有人以「註冊機器人」產生大量帳號,系統可能會在註冊過程中隨機出現「我不是機器人測驗」,測驗通過後,再按照畫面指示,繼續操作。

Step 01 進入 **OpenAI** 網站:

開啟瀏覽器,輸入網址「https://openai.com/index/openai-api」進入 OpenAI 網站 (也就是 ChatGPT 申請網站),點按 <kbd>Sign up ↗</kbd> 按鈕進行註冊。

Step 02 選擇註冊方式：

目前註冊的方式有四種，可以使用 Email 帳號或是綁定 Google、Microsoft、Apple 帳號。以下示範以電子郵件地址登入之流程，若要綁定其他帳號，其操作流程大致相同。

1. **輸入電子郵件地址**：首先於「電子郵件地址」欄位內輸入您的電子郵件地址，再點按「繼續」按鈕。

2. **輸入登入 OpenAI 之密碼**：OpenAI 要求登入密碼至少要有 12 個字元，輸入完成後點按「繼續」按鈕。

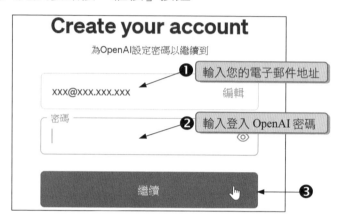

3. **E-Mail 驗證**：系統會發送驗證信到您的信箱。

4. **回覆驗證信**：請開啟您的電子郵件信箱，收取驗證信，點選「Verify email address」。

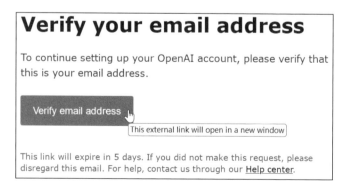

5. **輸入個人資料**：輸入姓名、生日，點選「Agree」按鈕。

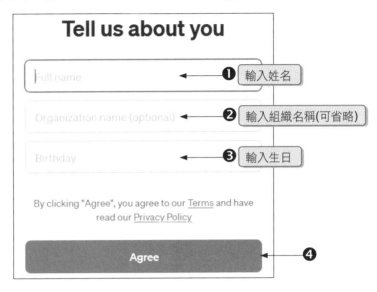

6. **手機門號驗證**：填寫手機門號後按「Send code」按鈕，系統會傳送簡訊到您的手機。

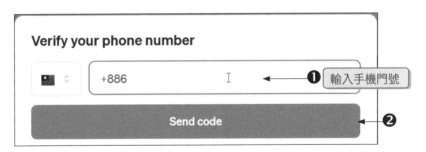

7. **完成驗證程序**：將手機簡訊中的六位數驗證碼，填寫至驗證欄位。

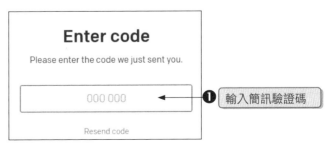

1.2.2 申請 OpenAI API 金鑰

因 OpenAI 平台仍一直不斷在提升用戶的體驗、優化生成的流程以及功能的新增與更新，因此當您閱讀本書時有可能平台已有所更新，使得您在依照本書進行操作時，在畫面或步驟上會略有差異，如選項位置或名稱等改變。但您不需擔心，在範例的操作邏輯上依然是適用的。

Step 01 登入：

開啟瀏覽器輸入網址「https://platform.openai.com/login」，以您的「帳號」、「密碼」登入 OpenAI 開發者平台。

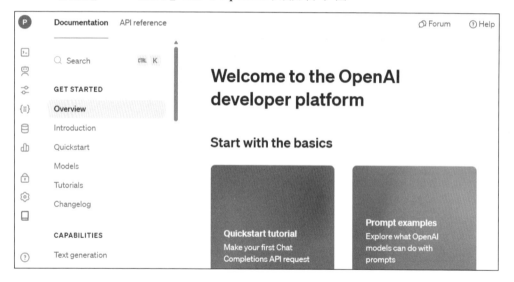

Step 02 專案管理：

OpenAI 金鑰申請金鑰的管理以專案來區分，方便開發者查看每個專案的計費狀況，從而制定專案的成本限制。

每個 OpenAI 帳戶中都會有一個「預設專案（Default project）」。預設專案無法重新命名，也不能加入其他成員或服務帳戶。假若以個人學習為目的，使用預設專案即可。若要建立一個專案，請依照下列步驟操作。

1. 點選頁面左上角的組織名稱。

2. 點選「Create projetct」建立專案。

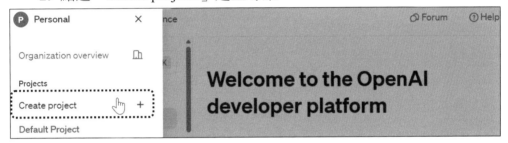

3. 為您的專案命名，然後點選「Create」建立專案。

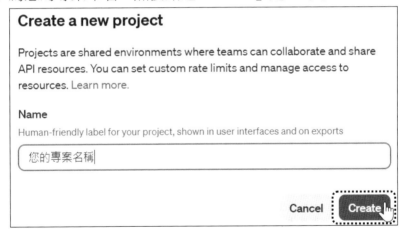

Step 03 申請 OpenAI 金鑰：

滑鼠移至左側，會顯示側邊欄選單，請點按「API keys」項目，進入申請金鑰頁面。

Step 04 手機門號驗證：

如果在註冊帳號的過程中尚未進行手機門號認證程序，則此時會顯示驗證手機門號的選項，請點按「Start verification」鈕，進入手機門號驗證程序，其步驟請參照上一節 Step 2 的 6、7 點說明。

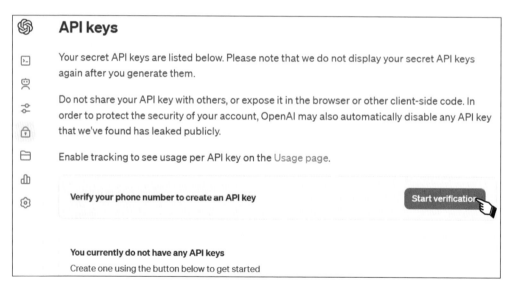

每一個手機門號最多可驗證三個帳號，但是，只有首次驗證的帳號享有為期三個月、總額 5 美元的試用額度 (有可能之後會取消試用度)。其後的第 2、3 個帳號申請時會顯示下圖，告知該帳號無試用額度可以使用，點按「Continue」鈕可關閉本視窗。

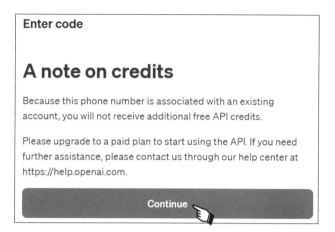

Step 05 建立金鑰：

點按「Create new secret key」。

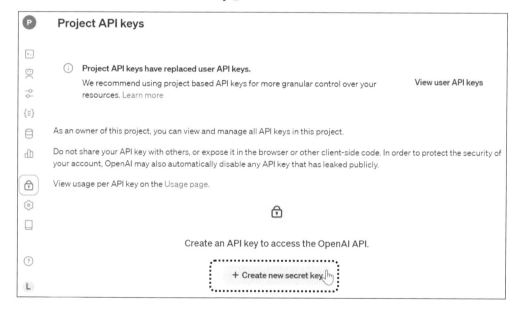

Step 06 為金鑰設定別名及權限：

為此次申請的金鑰進行設定，欄位說明如下：

1. 「Name」欄位：設定可供識別的名稱或是使用預設值。

2. 「Project」欄位：請確認欄位內顯示的專案名稱是否正確，若不正確，請到「專案管理」切換成正確的專案。

3. 「Permissions」欄位：授權該金鑰使用 OpneAI 服務的範圍。開發者可依照應用程式的功能，設定 Permissions 欄位。若設定為「All」，會開放所有 OpneAI 的服務項目的權限給應用程式。若設定為「Restricted」，可對 OpneAI 的服務項目進行個別設定，可設為讀 (Read)、寫 (Write) 或關閉 (None)。若設定為「Read Only」，則 OpneAI 的服務項目是唯讀的。

4. 最後點按「Create secret key」鈕，建立金鑰。

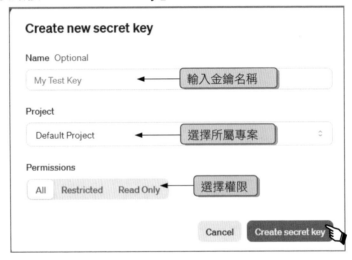

Step 07 複製金鑰：

此時是顯示金鑰完整內容的唯一時機，您可以將金鑰抄寫在筆記上或者點按 按鈕複製金鑰，再於文書編輯軟體中按 Ctrl + V 鍵將金鑰貼上在文字檔中，最後將該檔案儲存至安全的地方保存。儲存妥當後，點按 Done 按鈕，關閉本視窗。

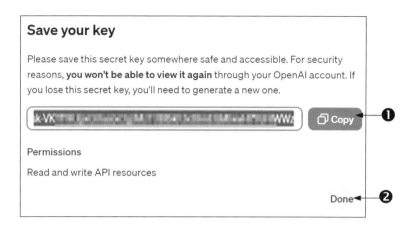

1.2.3 OpenAI API 金鑰管理

您可以視需求為專案申請一個以上的金鑰。若要申請新的金鑰,可點按左上角的組織名稱,進行專案管理,切換到所需的專案,再於頁面中點按「Create new secret key」鈕建立金鑰。

在專案頁面中會顯示該專案現有金鑰的清單,表列出金鑰的基本資訊。金鑰列表的尾端有兩個按鈕,點按 [✏️] 鈕可以編輯金鑰的別名。點按 [🗑️] 鈕可以刪除選取的金鑰,使該金鑰失效。

要檢視專案的額度及使用量，可以在左側邊欄選單點按 ⊞ 鈕查看目前的使用量。

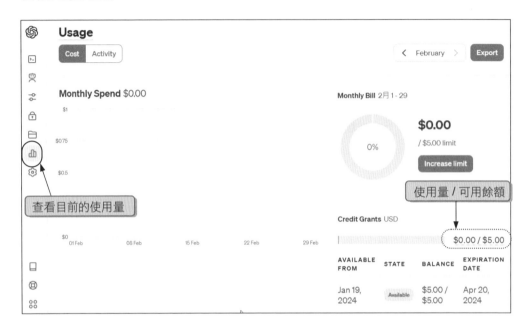

1.3 付費使用 OpenAI API

免費的試用額度若用完後，可以付費繼續使用。付費步驟如下：

Step 01 付費：

請點按左側邊欄選單 ⚙ 開啟
「 Settings 」 子 選 單 ，再 點 按
「Billing」選項。

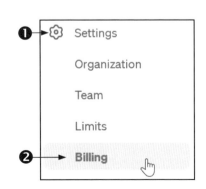

Step 02　付費設定：

在付費設定頁面，點按「Add payment details」鈕，新增付費資訊。

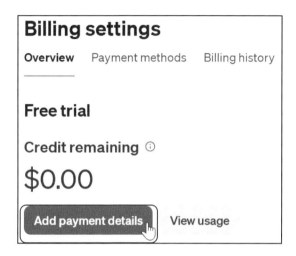

Step 03　選擇身份別：

選擇該帳戶是個人使用的或是隸屬於公司。本例示範個人帳戶。

Step 04 輸入信用卡資訊：

如果帳戶是歸屬於公司使用，則表單會比個人用戶多出兩個欄位，如下圖所示。勾選下圖「Same as billing address」表選擇公司地址與信用卡帳單相同，也可以另外填寫公司地址。假如有稅務需求者，可一併填寫公司統一編號。資料填寫完畢，點按「Continue」按鈕，進行下一步驟。

Step 05　輸入儲值金額：

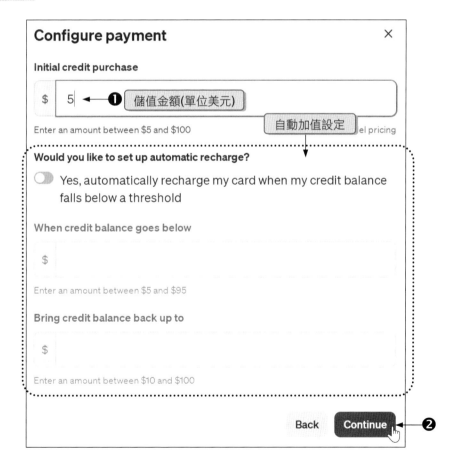

輸入儲值金額，儲值金額最低五美元，最高一百美元。若設定自動加值，當可用餘額低於設定值時，會自動從所綁定的信用卡扣款儲值。設定完畢後，點按「Continue」按鈕，進行下一步驟。

Step 06 確認付款：

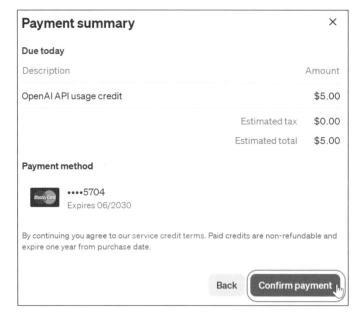

確認資料無誤後，點按「Confirm payment」按鈕，確認付款，即完成付費步驟。

Step 07 設定使用量：

OpenAI API 的計費方式是使用多少付多少錢 (Pay-as-you-go)，帳單將於每個月底開立，並直接從所綁定信用卡扣款。若有控管使用量的需求，可自行設定用量上限。在「Settings」子選單中點按「Limits」選項。

Usage limits

Manage your spending by configuring usage limits. Notification emails triggered by reaching these limits will be sent to members of your organization with the **Owner** role.

There may be a delay in enforcing any limits, and you are responsible for any overage incurred. We recommend checking your usage tracking dashboard regularly to monitor your spend.

Approved usage limit

The maximum usage OpenAI allows for your organization each month. Request increase

$120.00 ◄—— 每個月的額度上限

Current usage

Your total usage so far in 5月 (UTC). Note that this may include usage covered by a free trial or other credits, so your monthly bill might be less than the value shown here. View usage records

$0.00 ◄—— 目前的用量

Hard limit

When your organization reaches this usage threshold each month, subsequent requests will be rejected.

$120.00 ◄—— 自訂的用量上限

Soft limit

When your organization reaches this usage threshold each month, a notification email will be sent.

$96.00 ◄—— 警示量

Save

當用量到達警示量時，系統會自動發送電子郵件給用戶，此時 OpenAI API 尚可運作。但若用量到達自訂上限時，系統會再發送電子郵件給用戶，詢問是否要調高用量上限，此時只有上調用量上限，才能繼續使用 OpenAI API 服務。

1.4 Playground

OpenAI Playground (OpenAI 遊樂園) 是 OpenAI 基金會所提供的線上平台，系統開發者可用此工具測試 OpenAI 的各種模型。借助 Playground 簡單易懂的操作介面，用戶無需編寫程式碼即可開始使用 GPT-3、GPT-4、GPT-4o 等。幾乎所有可以透過呼叫 API 執行的操作，都可以在 Playground 中執行，而且可以直接在頁面上更改參數，調校出所屬意的回應風格。

在 Playground 中的提問，是必須收費的，如果五美元的試用額度用完了，就要再為帳戶儲值，才能繼續使用 Playground。

Step 01 開啟 **Playground** 頁面：

首先請點按左側邊欄選單 ▷- Playground 項目開啟「Playground」頁面。

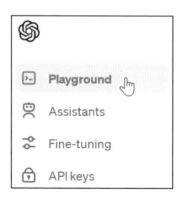

Step 02 **Playground** 說明：

若 Playground 使用說明瀏覽過後，請點按右上角 × 按鈕，關閉說明頁。

Get started

Enter an instruction or select a preset, and watch the API respond with a message that attempts to match or answer the query.

You can control which model completes your request by changing the model.

KEEP IN MIND

◁ Use good judgment when sharing outputs, and attribute them to your name or company. Learn more.

⩘ Requests submitted to our API and Playground will not be used to train or improve future models. Learn more.

🗓 Each models' training data cuts off at a different time. Our newest models have knowledge of many current events up to April 2023. Learn more.

| Step 03 　選擇執行模式：

選項之後有加註「Beta」者，表示該執行模式為測試版。選項之後有加註「Legacy」者，表示該執行模式即將停用。

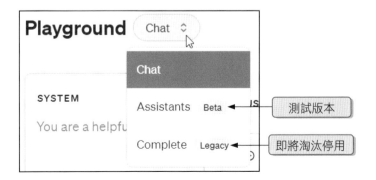

Step 04 操作區：

您可以在「SYSTEM」欄位指定 AI 所要扮演的角色，例如要求 AI
扮演一個樂於助人的助理。想要提問的問題，填寫在「USER」欄
位。點按「Submit」按鈕，即可顯示 ChatGPT 的回應 (即 OpenAI
API 文本生成模型回應)。

Step 05 參數區：

開放給用戶可以自行調整語言模
型及其他 OpenAI API 參數。關於
API 的參數，在第三章有更詳細
的說明。

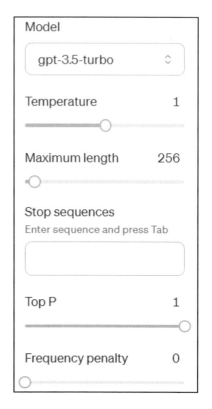

第一個 OpenAI API 程式

2.1 認識 Colab 程式編輯環境

2.1.1 Colab 簡介

Colab 全名為 Colaboratory,是 Google 公司以 Jupyter Notebook 為基礎所開發的線上程式編輯器,方便使用者開發 Python 程式。Colab 是一種互動式環境,可以撰寫和執行 Python 程式碼。使用者的電腦不需要特別安裝,只要擁有 Google 帳號和瀏覽器,就可以編寫 Python 程式並運行。Google Colab 具有下列優點:

1. **介面簡單容易操作**:Colab 是以 Jupyter 為基礎所開發,對已經熟悉 Jupyter 的使用者來說特別便利。對初學者而言,因為介面簡單易學很快就能上手。另外,Colab 有程式碼感知 (IntelliSense) 功能,會自動顯示關鍵字、成員、參數…等訊息,編寫程式碼非常方便。

2. **開發環境設定簡易**:Python 程式的特色就是擁有很多支援的套件,在 Colab 開發環境下已經安裝常用的套件,只要進入介面就可以直接使用不必進行任何設定,對初學者非常友善。

3. **方便小組共同協作**：因為編輯的程式檔案存放在 Google 雲端硬碟中，所以透過檔案的共用權限設定，可以讓朋友或同事在筆記本上加上註解，或甚至進行編輯，輕輕鬆鬆就達成團體共用協作。

4. **整合 Google 雲端資源**：由於程式檔案就在雲端硬碟中，因此可以方便整合 Google 的雲端資源。例如遠端的使用者可以上傳檔案，然後程式就能讀取並加以處理。

5. **支援多種文字格式**：Colab 編輯器可以在一個筆記本中，結合可執行的程式碼和精美的文字資料。文字格式可以設定各種字型外，還可以加入數學方程式，甚至插入圖片、HTML…等其他格式的內容。

上面說明是使用 Colab 編輯器開發 Python 程式的優點，但是也會有些不方便。因為是屬於雲端服務，所以只有在網路連線順暢時才能使用。若一段時間沒有編輯動作，連線會被停止並回收運算資源，此時必需再重新連接。如果需要長時間執行程式或是處理大量資料，其執行速度可能會較慢。所幸我們只是初學 OpenAI API 程式，使用 Colab 來開發已經足夠。

2.1.2 安裝 Colab

以下將說明安裝 Google Colab 的步驟，操作前必須要先有 Google 帳號才能順利進行。

1. **進入 Google 雲端硬碟**：首先開啟瀏覽器，官方建議使用 Chrome、Firefox 或 Safari 等瀏覽器，本書將以 Chrome 為主。開啟 Google https://www.google.com.tw/ 網址後，點按 ⠿ 圖示由清單中點選 △ 雲端硬碟，接著選擇帳號登入 Google。

2. **檢查是否已安裝 Colab**：點按「+新增」按鈕，檢查清單中有沒有 Google Colaboratory 程式，若無就點選「+ 連結更多應用程式」項目。

3. **搜尋 Colaboratory 應用程式**：在「Google Workspace Marketplace」的搜尋 🔍 欄位中，輸入「colab」或「colaboratory」後按 Enter↵ 鍵，然後由搜尋結果中，點選「Colaboratory」CO 應用程式進行安裝。

4. 安裝 Colab：點按「安裝」按鈕後，請依照下面圖示的步驟，進行「Colaboratory」應用程式的安裝。

按鈕內容改為解除安裝即完成安裝

2.1.3 Colab 環境簡介

在 Google 雲端硬碟安裝 Google Colab 完成後，點按「+新增」按鈕，在「更多」項目中點選「Google Colaboratory」。

進入 Google Colab 後會開啟編輯操作環境，常用的功能說明如下：

1. **檔案名稱**：預設會開啟檔名為「Untitled0.ipynb」的筆記本，檔案名稱可以自行更改。

2. **功能表列**：將功能項目分類安置在「檔案」、「編輯」、「檢視畫面」、「插入」、「執行階段」、「工具」、「說明」等主功能中。

3. **視窗列**：點按視窗列中的 ▤「目錄」、🔍「尋找並取代」、{x}「變數」、⚷「Secret」、▢「檔案」、<>「程式碼片段」、▤「指令區塊面板」、⌨「終端機」圖示鈕，會向右展開對應的視窗，不用時可按視窗右上角的 ⊠ 圖示隱藏清單。

4. **編輯區**：編輯區中可以顯示所建立的儲存格 (Cell)。

5. **新增儲存格**：有「+程式碼」和「+文字」兩個圖示，可以快速建立最常用的*程式碼儲存格* (Code cells) 和*文字儲存格* (Text cells)。

6. **儲存格工具列**：工具列中提供對儲存格的常用功能圖示鈕。

7. **程式碼儲存格**：用來輸入 Python 程式碼。按儲存格左邊的 ▶ 圖示 (或按 Ctrl + Enter↵ 快捷鍵) 可執行該儲存格的程式。

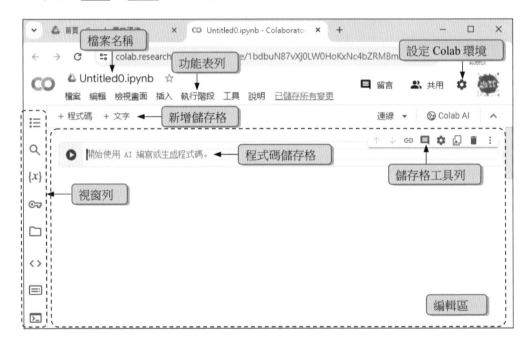

2.1.4 編輯第一個 Colab 筆記本

下面將用一個簡單的範例，來介紹編輯 Colab 筆記本的常用操作。

一. 建立資料夾

在 Google 雲端硬碟新增一個「OpenAI」資料夾，然後在「OpenAI」資料夾中再新增一個「ch02」資料夾。「ch02」資料夾中就放置第二章所有程式檔，以下章節依此類推。

二. 新增筆記本

　　開啟 Google 雲端硬碟的「OpenAI / ch02」資料夾，然後點按「+新增」按鈕，在「更多」項目中點選「Google Colaboratory」，就會在 Google 雲端硬碟的「OpenAI / ch02」資料夾中新增一個筆記本，在儲存格中就可以編輯 Python 程式碼。

三. 變更筆記本名稱

　　預設的筆記本名稱為「Untitled0.ipynb」，副檔名 ipynb 是 Jupyter Notebook 專屬的副檔名。在名稱上按一下就可以修改名稱，請將名稱改為「Hello.ipynb」。

四. 撰寫和執行程式碼

　　在程式碼儲存格上按一下就可以輸入 Python 程式碼，在此輸入「print(' Colab 你好！')」程式敘述，然後按儲存格左邊的 ▶ 圖示 (或按 Ctrl + Enter↵ 快捷鍵) 執行該儲存格的程式，執行結果會輸出在該儲存格的下方。筆記本程式第一次執行時，Colab 要先會分配連線的主機資源，所以需要稍等一小段時間。

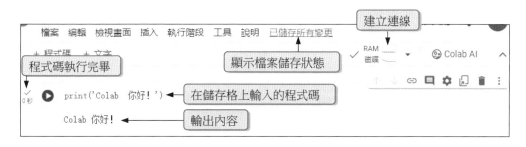

五. 清除輸出內容

若想移除程式執行的輸出結果,可以將滑鼠移到其左邊按 ⊗ 圖示。

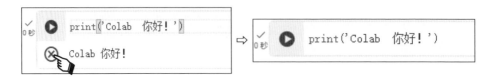

六. 新增文字儲存格

為程式碼加上 **註解** 是良好的寫程式習慣,想在目前程式碼儲存格的上面增加一個文字儲存格,並輸入「我的第一個程式」做為註解。將滑鼠移動到程式碼儲存格的上方,會出現一條插入線以及「**+程式碼**」和「**+文字**」兩個圖示,點按「**+文字**」圖示就可以在上面插入一個文字儲存格。

在新增的文字儲存格上快按兩下,就可以進入編輯模式輸入文字。文字是採用 Markdown 語法,可以利用上方的工具列設定格式,設定的結果可以在右邊預視。輸入完成後,將滑鼠移至其他儲存格按下就完成輸入。

七. 儲存筆記本

　　Colab 會自動儲存筆記本的內容，若要立即儲存可以執行功能表列的「檔案 / 儲存」功能，或是使用快捷鍵 `Ctrl` + `S`。

八. 新增程式碼儲存格並編寫程式敘述

　　想在原程式碼儲存格下面再增加一個程式碼儲存格，最簡單的方式是先點選原程式碼儲存格使成為目前聚焦的儲存格，然後點按「+程式碼」圖示，就會在下面新增一個程式碼儲存格。

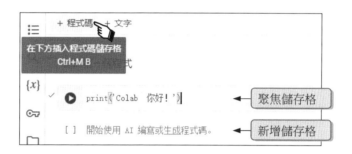

　　在新增的程式碼儲存格中，輸入「x = 10」程式敘述。

九. 再新增程式碼儲存格並編寫程式

　　依照上面方法再新增一個程式碼儲存格，其中輸入「print(x + 2)」敘述。因為 Colab 編輯器有程式碼感知功能，我們輸入「pri」時就會以清單列出可用的關鍵字、函式、成員…等，當「print」成為第一個項目時，按下 `Tab` 鍵就會自動完成程式碼，也可以直接用滑鼠點選項目。

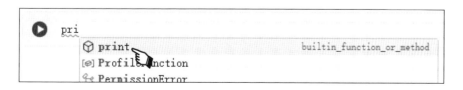

程式碼輸入完成後,執行的輸出結果為 12。雖然在目前程式碼儲存格中,沒有定義 x 變數的值,但是在上面的儲存格已經定義,執行過後 Colab 就會保留變數值,因此其他的儲存格就能取用。所以 Colab 的程式碼儲存格看似各自獨立,其實是相互間是有上下關連。

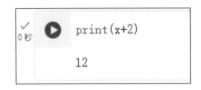

最後我們所編輯的第一個 Colab 筆記本結果如下:

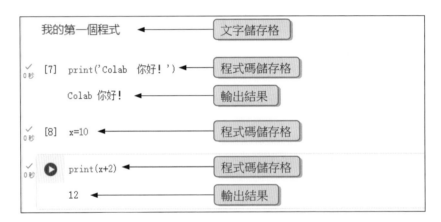

2.1.5 Colab 常用功能

介紹完編輯 Colab 筆記本的常用操作方法,本小節繼續說明 Colab 的常用功能。

一. 選取多個儲存格

如果想同時對多個儲存格做動作時,可以用滑鼠拖曳區域來選取。或是滑鼠點選加 `Ctrl` 鍵可逐一選取,若配合 `⇧ Shift` 鍵點選最上和最下儲存格,則可以選取連續的儲存格。

二. 移動或刪除儲存格

點選 x=0 程式碼儲存格使成為聚焦儲存格，然後按其右邊工具列中的 ↓ 圖示，可以將目前聚焦的儲存格下移。

三. 複製儲存格和程式碼

在要複製的儲存格上按滑鼠右鍵，在清單中點選「複製儲存格」，接著點選要貼上的儲存格，然後按 Ctrl + V 鍵，就會在聚焦儲存格的下方貼上所複製的儲存格。如果是要複製程式碼，則先選取程式碼後按滑鼠右鍵，在清單中點選「複製選取範圍」，接著點選要貼上的位置，然後按 Ctrl + V 鍵即可。

四. 程式碼錯誤

若將程式碼儲存格內容改為「print(x + 2」，程式碼下方就會出現紅色的波浪線，提醒程式碼錯誤。此時如果執行程式，會出現錯誤訊息。

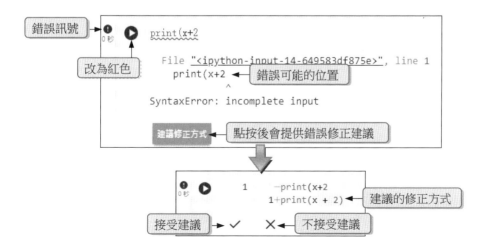

五. 查看變數

利用變數視窗可以查看變數值方便程式除錯，操作方式如下：

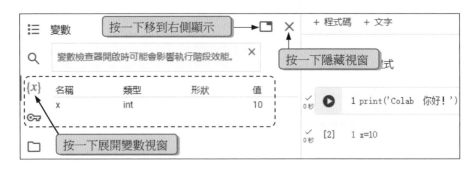

六. 尋找或取代程式碼

利用 尋找並取代 視窗可以搜尋程式碼的位置，也可以批次變更程式碼，操作方式如下：

七. 中斷程式碼的執行

當程式執行的時間太長，或是程式錯誤造成無窮迴圈，想要中斷程式執行，可以執行功能表列的「執行階段 / 中斷執行」指令。

八. 設定顯示程式碼行號

程式碼較長時如果有行號會比較容易閱讀，請依照下列步驟設定：

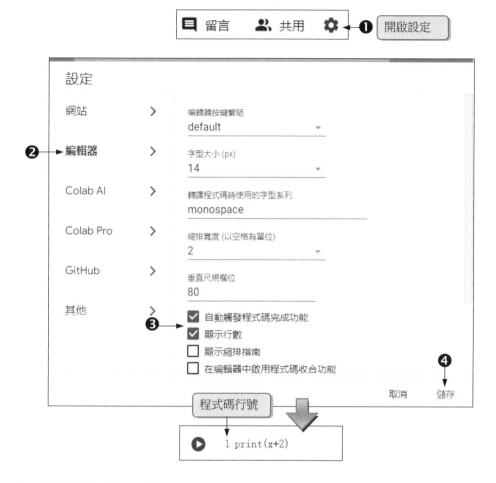

九. 全部執行程式碼

　　為何 Colab 要將程式碼分散在多個儲存格呢？程式碼分散有容易閱讀、容易除錯、節省時間和節省網路資源等優點。例如某個程式碼集中寫在一個儲存格中，如果程式碼有修改時，必須重頭全部執行一遍。如果分散在 A、B、C 三個儲存格中，A 儲存格程式碼修改只要執行 A 儲存格，其他儲存格執行結果會保留可直接讀取，如此就可節省 2 / 3 的時間。

當筆記本中有許多的程式碼儲存格需要執行時，可以執行功能表列的「執行階段 / 全部執行」指令或按 `Ctrl` + `F9` 快捷鍵，Colab 就會從最上面開始依序向下執行每一個儲存格的程式碼。特別是重新開啟筆記本時，「全部執行」是非常好用的指令。

2.2　第一個 OpenAI API 程式

了解 Colab 編輯環境後，就來使用 Python 語言呼叫 OpenAI API，開發具人工智慧的程式。

一. 新增筆記本

在 Google 雲端硬碟的「OpenAI / ch02」資料夾中，新增一個筆記本並設定檔名為 FirstAI.ipynb。

二. 安裝 openai 套件

OpenAI 為 Python 語言提供 openai 套件，安裝後就可以呼叫 OpenAI 的服務。安裝 openai 套件的敘述如下，注意 pip 前方要加上驚嘆號「!」。

```
!pip install openai
```

在程式碼儲存格輸入以上程式碼後，並執行該程式碼，就會下載並安裝 openai 套件。

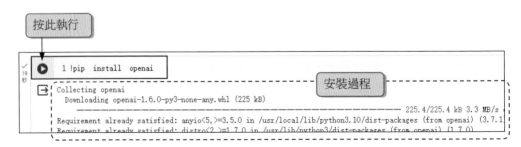

三. 匯入 openai 套件和設定金鑰

在新的程式碼儲存格輸入以下程式碼後，並執行該程式碼。其中金鑰應輸入你自己所申請的金鑰。

```
import openai                              # 引用 openai 套件
openai.api_key = 'sk-tnLjgv … … … … poib2gbKA'   # 設定金鑰
```

四. 呼叫 OpenAI 服務

在新的程式碼儲存格中輸入呼叫 OpenAI API 的程式碼後，並執行該程式碼。

```
1  response = openai.chat.completions.create(
2      model = 'gpt-3.5-turbo', # 可用於簡單任務，是快速且便宜的模型
3      messages = [
4          {'role': 'user', 'content': 'OpenAI 你好!'}
5      ]
6  )
```

⟳ 說明

1. 第 1 行：使用 openai.chat.completions.create() 方法，呼叫 OpenAI API 的文本生成 (Text generation) 服務，傳回值指定給 response 變數。

2. 第 2 行：設定 model 參數值為 'gpt-3.5-turbo'，指定採用 gpt-3.5-turbo 模型。也可採用較先進的 gpt-4 或 gpt-4o 模型，只是費用較高。

3. 第 3-5 行：設定 messages 參數值，參數值資料型別為串列 (list)，參數值是提問的相關訊息資料。

4. 第 4 行：以字典 (dict) 資料型別指定提問的各種資訊，'role' 鍵的值為 'user'，表示設角色為使用者；'content' 鍵的值為 'OpenAI 你好!'，表提問的文本內容。

```
   1 response = openai.chat.completions.create(
   2         model = 'gpt-3.5-turbo',
   3         messages = [
   4               {'role': 'user', 'content': 'OpenAI 你好!'}
   5         ]
   6 )
```

執行

五. 顯示全部傳回值

```
print(response)
```

在新的程式碼儲存格中輸入以上顯示傳回值的程式碼後,並執行該程式碼。輸出結果如下:

回覆的文本內容

```
ChatCompletion(id='chatcmpl-8Y4HenTOHImYXBpn6WAPzVlQt7oev',
choices=[Choice(finish_reason='stop', index=0, logprobs=None,
message=ChatCompletionMessage(content='你好!有什么我可以帮助你的吗?',
role='assistant', function_call=None, tool_calls=None))],
created=1703130310, model='gpt-3.5-turbo-0613',
object='chat.completion', system_fingerprint=None,
usage=CompletionUsage(completion_tokens=18, prompt_tokens=13,
total_tokens=31))
```

在 Colab 開發環境編輯 FirstAI.ipynb 程式完成後畫面如下所示:

```
[ ]    1 !pip install openai                          程式儲存格 1


[ ]    1 import openai                                 程式儲存格 2
       2 openai.api_key = '你的金鑰'


[ ]    1 response = openai.chat.completions.create(    程式儲存格 3
       2         model = 'gpt-3.5-turbo',
       3         messages = [
       4               {'role': 'user', 'content': 'OpenAI 你好!'}
       5         ]
       6 )


[ ]    1 print(response)                               程式儲存格 4
```

以後本書各章節的程式碼會以下面形式呈現。程式儲存格前面的行號(如:1-01、2-01、2-02、⋯、4-01),是為程式碼講解說明需要,撰寫程式碼時不可以鍵入。

程式碼　FileName : FirstAI.ipynb

```
1-01 !pip install openai
```
程式儲存格 1

```
2-01 import openai
2-02 openai.api_key = '你的金鑰'
```
程式儲存格 2

```
3-01 response = openai.chat.completions.create(
3-02    model = 'gpt-3.5-turbo',
3-03    messages = [
3-04        {'role': 'user', 'content': 'OpenAI 你好!'}
3-05    ]
3-06 )
```
程式儲存格 3

```
4-01 print(response)
```
程式儲存格 4

2.3　回覆訊息說明

在上面 FirstAI.ipynb 程式中,利用 Python 語言呼叫 OpenAI API 所提供的文本生成服務 (Chat 聊天服務)。此服務傳回值中含有回覆的大量資訊,以下將介紹其中常用的參數。

```
ChatCompletion(
  id='chatcmpl-8Y4HenTOHImYXBpn6WAPzVlQt7oev',
  choices=[
    Choice(
      finish_reason='stop',
      index=0,
      logprobs=None,
      message=ChatCompletionMessage(
```

```
            content='你好！有什麼我可以幫助你的嗎？',
            role='assistant',
            function_call=None,
            tool_calls=None))],
    created=1703130310,
    model='gpt-3.5-turbo-0613',
    object='chat.completion',
    system_fingerprint=None,
    usage=CompletionUsage(
      completion_tokens=18,
      prompt_tokens=13,
      total_tokens=31)
  )
```

1. **choices**：choices 中就是文本生成服務(聊天服務)回覆的主要部分：

   (1) **finish_reason**：代表此次回覆結束的原因，參數值可能為：

   'stop'：代表完整輸出後結束。

   'length'：因 max_tokens 參數或系統限制 token 的長度，而造成輸出內容不完整。

   'content_filter'：因內容過濾器的限制，而省略部份內容。

   'null'：API 回覆仍在進行或是尚未完成。

   (2) **index**：代表是第幾種回覆，如果呼叫時將 n 參數設定為 3，則 index 會有 0～2，也就是說會有三個不同的回覆。

   (3) **message**：回覆的各項訊息，主要有：

   content：回覆的內容。

   role：回覆時的角色，角色有 'assistant' (助理)、'user' (使用者)、'system' (系統)。其中
   - 'user' 代表使用者可進行提示 (詢問問題)。
   - 'assistant' 即是文本生成服務回覆的結果，可用來做回答的歷史紀錄，以便進行連續對話。

- 'system' 可指定系統的角色身份，當設定角色後，服務可根據您的問題提供更專業、更聚焦的回答；例如指定角色是：「你一位 Excel 公式高手，擅長數據分析。」。若 'system' 沒有指定則回答會是通用訊息。

2. **medel**：代表問答所使用的 AI 模型，本例是 gpt-3.5-turbo-0613 模型。

3. **object**：代表此次問答所使用的物件，本例用 chat.completion 物件。

4. **usage**：代表此次問答所使用的 token 數量。

   (1) **completion_tokens**：文本生成回覆所使用的 token 數量。

   (2) **prompt_tokens**：提問時所使用的 token 數量。

   (3) **total_tokens**：此次問答所使用的 token 總計，也就是前兩項 token 數量的總和。

　　在 FirstAI.ipynb 程式中，雖然最後顯示傳回值的內容，但是其中含有太多不需要顯示的訊息。了解回覆訊息的內容後，可以指定只用 content 鍵值來顯示回覆文本內容，程式碼如下：

```
print(response.choices[0].message.content)
```

執行結果

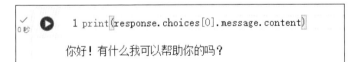

　　使用文本生成服務時，可指定 'system' (系統) 的風格和角色，以解答、建議或完成工作，讓回覆更加專業且聚焦。例如：「請你扮演資深 CEO，為手工餅乾店構思 3 個商業模式」、「請以周杰倫風格創作一首檸檬汽水的廣告歌曲」。

同時因 OpenAI API 回答以機率生成回覆，在 FirstAI.ipynb 範例發現 OpenAI API 文本生成服務有時會以簡體中文回答，有時則以繁體中文回答。為了解決這個問題，可以指定 'system' 使用繁體中文回覆。如下範例：

程式碼 FileName：FirstAI_2.ipynb

```
1-01 !pip install openai
```
程式儲存格 1

```
2-01 import openai
2-02 openai.api_key = '你的金鑰'
```
程式儲存格 2

```
3-01 response = openai.chat.completions.create(
3-02     model = 'gpt-3.5-turbo',
3-03     messages = [
3-04         {'role': 'system', 'content': '你是一位網路行銷小編,請以此身份回覆,請繁體中文回覆'},
3-05         {'role': 'user', 'content': '幫我撰寫人中之龍 8 的行銷貼文'}
3-06     ]
3-07 )
```
程式儲存格 3

```
4-01 print(response.choices[0].message.content)
```
程式儲存格 4

　　上面 3-04 行程式指定 'system' 角色是一位網路行銷小編，且使用繁體中文回答。如下圖可發現因為是網路行銷小編，回答的內容即以 IG 與 FB 風格貼文回覆。

▶ print(response.choices[0].message.content)

當然可以！以下是一篇人中之龍8的行銷貼文：

🐉《人中之龍8》震撼來襲！🐉

準備好了嗎？讓我們一起踏上這趟令人心跳加速的旅程！《人中之龍8》即將帶你進入一個精彩紛呈的東京世界，

🏙 在華麗耀眼的東京夜晚，你將扮演龍之如龍——桐生一馬，展開與黑幫勢力間的極致對決！

🎮 靈活自由的戰鬥系統，讓你可以盡情展現出霹靂無敵的戰鬥技巧，享受到每個擊倒敵人的成就感！

📖 劇情深度與角色塑造，將帶領你沉浸在逼真的東京城市中，與各路人物展開交心交鋒，體驗別樣的人生。

❌ 現在就加入我們，一同踏上龍之復仇之路，成為伝説中的英雄！

👉 敬請期待《人中之龍8》的震撼上市！立即標記你的戰友，一同加入這場萬眾期待的戰鬥！#龍之如龍8 #極道忧

希望這篇貼文能夠吸引玩家們的目光，讓他們踴躍參與遊戲中，一同探索這個充滿挑戰與感動的世界！如果有任何

若省略 3-04 行程式則執行結果如下，回答缺少 IG 與 FB 風格貼文。

[26] print(response.choices[0].message.content)

《人中之龍8：光與闇》

精彩續作《人中之龍8：光與闇》即將席捲您的遊戲世界！這一次，主角桐生一馬將面臨更加複雜的人際關係和糾葛，

遊戲中，您將再次體驗到扣人心弦的劇情、華麗的戰鬥和逼真的遊戲場景。此外，新增的子役系統更加深化了遊戲的策

準備好一起踏上這段充滿挑戰和冒險的旅程嗎？快來加入我們，一同探索光與闇之間的無盡可能性吧！#人中之龍8 #光

後續章節的範例大多是只設定 'user' 角色，而在第 6 章與第 11 章才有設定 'system' 角色。讀者可依需求自行設定 'system' 角色。

Chat Completions API 參數説明

在第 2 章我們簡單接觸了 OpenAI API 第一個程式，其中使用文本生成服務的 Chat Completions API 的 model 和 messages 兩個必要參數。除此以外，其它參數皆為選填參數也皆有預設值，本章介紹 Chat Completions API 常見的參數。

3.1 認識 token

使用文本生成服務 (Chat Completions API，聊天服務) 進行提問和回覆過程中，其問答訊息的文本實際上是以 token 為單位在運作。使用到的 token 數量愈多，使用者所要支付的費用也就愈多。那 token 是什麼？很難翻譯，有人翻譯成「符記」、「詞元」、「標記」、「記號」、「代幣」…等，本書就不做翻譯。

3.1.1 OpenAI 收費標準

使用 OpenAI API 是需要收費，其收費標準是以 token 為單位，金額會受以下因素所影響：

1. **模型**：使用不同版本的模型收費會不相同，常用的模型版本有 GPT-3.5 Turbo、GPT-4、GPT-4 Turbo 或 GPT-4o ("o"代表"omni")。不同模型價差很大。

2. **API 功能**：使用不同的服務會根據功能而有不同的收費標準，例如：文本 (一個句子、一個段落或一個篇章的文字) 是依照 token 的數量、圖片是依照大小和張數、音訊則是依照長度。

3. **輸入或輸出**：輸入和輸出有不同的收費標準。

　　OpenAI API 的收費標準可以到 https://openai.com/pricing 官網查看，以下是以使用文字為例，其中金額是為美金：

版本	模型	輸入費用 (每 1K tokens)	輸出費用 (每 1K tokens)
GPT-4 Turbo	gpt-4-1106-preview	$0.01	$0.03
	gpt-4-1106-vision-preview	$0.01	$0.03
GPT-4	gpt-4	$0.03	$0.06
	gpt-4-32k	$0.06	$0.12
GPT-4o	gpt-4o	GPT-4 Turbo 一半	GPT-4 Turbo 一半
GPT-3.5 Turbo	gpt-3.5-turbo-1106	$0.001	$0.002
	gpt-3.5-turbo-instruct	$0.0015	$0.002

　　OpenAI 常用的模型為 GPT-3.5 Turbo 與 GPT-4 Turbo，以及最新的 GPT-4o ("o"代表"omni") 模型。說明如下：

1. GPT-3.5 Turbo：可用於簡單的任務，是快速而且便宜的模型，可理解與產生自然語言或程式碼，最多可處理 4,096 個 token，訓練資料至 2021 年 9 月。

2. GPT-4 Turbo：是大型多模態模型，可接受文字或圖像輸入(視覺輸入)並輸出文字，有更廣泛的常識和先進的推理能力，最多可處理 128,000 個 token，訓練資料至 2023 年 12 月。

3. GPT-4o：是目前最新的模型，也是最快、最實惠模型，可接受文字或圖像輸入 (視覺輸入) 並輸出文字，具有與 GPT-4 Turbo 相同的高智慧性，其效率更高，生成文字的速度是 GPT-4 Turbo 的 2 倍，價格成本是 GPT-4 Turbo 的一半，最多可處理 128,000 個 token，訓練資料至 2023 年 10 月。

本書範例主要採用 GPT-3.5 Turbo 模型，讀者可視需求自行替換使用的模型。

3.1.2 tokenizer 頁面

OpenAI 的 GPT 大型語言模型使用 token 處理文字，token 是在一組文本中找到的常見串列。這些模型學習理解這些 token 之間的概念關係，並擅長在 token 串列中生成下一個 token。我們可以使用 OpenAI 提供的 tokenizer 頁面，來瞭解一段文本如何被語言模型 token 化，以及該文本段中的 token 總數。

請在瀏覽器輸入 tokenizer 網頁的網址，如下：

```
https://platform.openai.com/tokenizer
```

開啟網頁後，請依下圖所示順序操作 (先輸入英文文字) 與觀察：

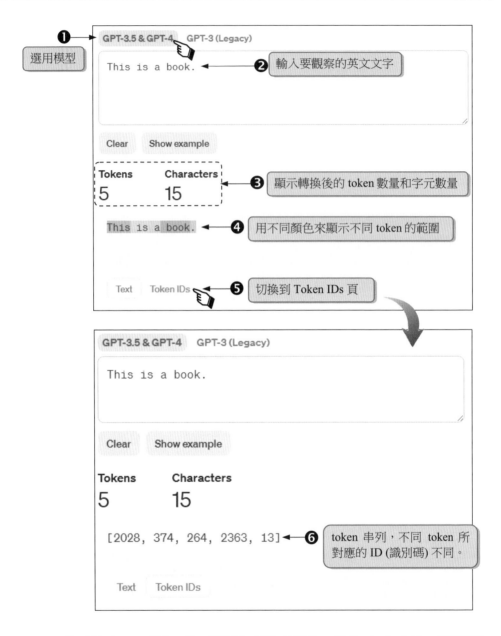

選用模型

❶

❷ 輸入要觀察的英文文字

❸ 顯示轉換後的 token 數量和字元數量

❹ 用不同顏色來顯示不同 token 的範圍

❺ 切換到 Token IDs 頁

❻ token 串列，不同 token 所對應的 ID (識別碼) 不同。

再切換回 Text 頁，依下圖所示順序操作 (輸入中文文字) 與觀察：

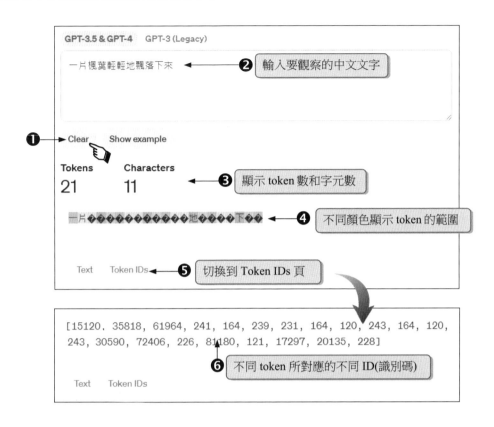

　　由 tokenizer 網頁將文字轉換 token 的結果發現，其 token 與 character (字元) 並不是一對一的規則。token 既不是英文單字，更不是字母，在中文字方面，一個字元可能會占一個 token，有些字元會占兩個或以上的 token。只能說，token 是一種單位，每一個英文單字或每一個中文字元都個別有不同 token 及 token 對應的識別碼。

3.1.3 安裝 tiktoken 套件計算 token 數量

　　tiktoken 套件是一個工具，它可將一個文本拆分成 token 串列。例如：將文本 'OpenAI is good !' 拆分成 ['Open' , 'AI' , ' is', ' good', ' !'] token 串列 (所對應的 token 識別碼串列為 [5109, 15836, 374, 1695, 758])。

OpenAI API 有提供 tiktoken 套件。其 tiktoken 套件安裝與匯入，程式碼如下：

```
!pip install tiktoken
import tiktoken
```

使用 tiktoken.encoding_for_model ('模型名稱') 取得 token 編碼器：

```
encoder = tiktoken.encoding_for_model('gpt-3.5-turbo')
```

encoder 為編碼器物件可用 encoder.name 來取得編碼器實體名稱，也可使用 encoder.encode() 方法將文本轉換成 token 識別碼串列，也可使用 encoder.decode() 方法將 token 識別碼串列轉換成文本。

範例：

安裝與匯入 tiktoken 套件，取得模型 token 編碼器，測試編碼器功能。

程式碼　FileName : encoder.ipynb

```
1-01 !pip install tiktoken                              程式儲存格 1
1-02 import tiktoken
```

```
2-01 encoder=tiktoken.encoding_for_model('gpt-3.5-turbo')   程式儲存格 2
```

```
3-01 print(encoder.name)              # 顯示編碼器名稱    程式儲存格 3
 ⮡   cl100k_base
```

```
4-01 token = encoder.encode('OpenAI is good !')        程式儲存格 4
     # 將文本轉換成 token 串列
4-02 print(token)
 ⮡   [5109, 15836, 374, 1695, 758]
```

```
5-01 text = encoder.decode([5109,15836,374,1695,758])   程式儲存格 5
     # 將 token 串列轉換成文本
5-02 print(text)
 ⮡   OpenAI is good !
```

⟳ 説明

1. 第 2-01 行：透過 tiktoken 的 encoding_for_model() 方法取得 GPT 模型的 token 編碼器，指定給 encoder 物件變數。即使 encoder 為 token 編碼器的物件實體。

2. 第 3-01 行：顯示 encoder 物件的編碼器實體名稱「c1100k_base」。

3. 第 4-01~4-02 行：將文本 'OpenAI is good !' 轉換成 token 識別碼串列。文本所對應的串列，顯示結果為 [5109, 15836, 374, 1695, 758]。

4. 第 5-01~5-02 行：將 token 識別碼串列 [5109, 15836, 374, 1695, 758] 轉換成文本，顯示結果為 'OpenAI is good !'。

3.2 設定終止生成回覆訊息的參數

3.2.1 max_tokens 參數

使用 OpenAI API 文本生成服務進行提問和回覆過程中，使用的 token 數量愈多支付的費用也愈多。故可以使用 max_tokens 參數，來設定 API 傳出生成回覆訊息文本的 token 數量上限。

max_tokens 參數值如果設定太小，則可能回覆到一半，所生成的語句 (文本) 就會中斷。但每種模型 (model) 都有各自能處理的 token 極限數量。如 GPT-3.5 一次提問和回覆訊息的文本最多可以處理的 token 數量是 4,096 個，GPT-4 是 8,192 個，GPT-4 Turbo 與 GPT-4o 是 128,000 個。如果把 max_tokens 參數值設定太大時，API 會因超過模型的處理極限而出現錯誤。

max_tokens 參數預設值是 inf (無限大正整數)，若是使用預設值而沒有設定的情形下，API 在傳出回覆訊息的文本時，會一直輸出到當和提問文本的 token 總數量達極限數量時才中斷。

⬇ **範例:**

在呼叫 OpenAI API 文本生成服務時,設定 max_tokens 參數值,觀察因 token 數量而使生成回覆訊息文本中斷的情況。

程式碼 FileName : max_tokens.ipynb

```
1-01 !pip install openai
1-02 import openai
1-03 openai.api_key = 'OpenAIAPI 金鑰'       # 金鑰

2-01 response = openai.chat.completions.create(
2-02     model = 'gpt-3.5-turbo',
2-03     messages = [
2-04         {'role': 'user', 'content': 'OpenAI 你好!'}
2-05     ],
2-06     max_tokens = 10            # 設定回覆訊息時,最多可使用 10 個 token
2-07 )

3-01 print(response.choices[0].message.content)      # 輸出回覆訊息內容
```
⤷   你好!有什麼我可以

```
4-01 print(response.choices[0].finish_reason) # 輸出結束回覆的原因
4-02 print(response.usage.prompt_tokens) # 輸出提問時所使用的 token 數量
4-03 print(response.usage.completion_tokens)
     # 輸出回覆時所使用的 token 數量
4-04 print(response.usage.total_tokens)   # 輸出問答所使用的總 token 數量
```
⤷   length
     13
     9
     22

↻ **說明**

1. 第 2-04 行:向 Chat Completions API 提問的文本為 'OpenAI 你好!'。

2. 第 2-06, 3-01 行:設定 max_tokens 參數值為 10,使 OpenAI API 在回覆

時，其生成訊息的文本最多可使用 10 個 token，造成 OpenAI API回覆
生成的語句內容不完整，所生成的文本只有 '你好！有什麼我可以'。若
max_tokens 參數值設定夠多，則完整的回覆文本可能為 '你好！有什麼
我可以幫助你的嗎？'，每次所生成的回覆文本內容可能會不相同。

3. 第 4-01 行：finish_reason 參數記載回覆結束的原因，此次使回覆結束的
   原因是 'length'。表示是因 max_tokens 參數或系統限制 token 的長度，
   而造成輸出的回覆文本內容不完整。

4. 第 4-03 行：此次輸出回覆時所使用的 token 數量為 9，比 max_tokens 所
   設定的參數值 10 少。表示 OpenAI API 接著要生成回覆文本的下一個字
   元 '幫' 所要用到的 token 數量會是大於 1。

3.2.2 stop 參數

　　stop 參數用來指定中斷輸出的字串串列，最多可指定 4 個字串元
素。如果生成回覆的文本中有出現這些字串，將會中斷輸出。stop 參數
預設值為 null (空白串列)。

📥 **範例：**

在呼叫 OpenAI API 文本生成服務時，設定 stop 參數值，使生成回覆
訊息的文本時，遇到 '血' 或 '肉' 這兩個字串時，會造成生成中斷。

程式碼　FileName：stop.ipynb

```
1-01 !pip install openai
1-02 import openai
1-03 openai.api_key = 'OpenAIAPI 金鑰'      # 金鑰

2-01 response = openai.chat.completions.create(
2-02     model = 'gpt-3.5-turbo',
2-03     messages = [
2-04         {'role': 'user', 'content': '列出 10 個台灣小吃名稱'}
2-05     ],
2-06     stop = ['血','肉']              # 設定使回覆生成中斷的字串串列
```

```
2-07 )
```

```
3-01 print(response.choices[0].message.content)    # 輸出回覆訊息的文本
```
    1. 鹹酥雞
    2. 彈珠蔥油餅
    3. 阿給
    4. 蚵仔煎
    5. 豬

○ 説明

1. 第 2-04 行：向 OpenAI API 提問的內容為 '列出 10 個台灣小吃名稱'。

2. 第 2-06 行：設定使生成回覆語句中斷的字串串列，該串列含有 '血', '肉' 兩個字串。亦即在生成回覆的語句中，只要有 '血' 或 '肉' 這兩個字串，在這兩個字串要出現之前便立即中斷生成。

3. 第 3-01 行：輸出生成回覆的文本，發現這回覆的文本是在 '血' 這個字串出現前被中斷的。因為接下來的生成文本可能是 '血糕'。

3.3　設定生成回覆的訊息數量

3.3.1 n 參數

　　Chat Completion API 在不同時候，同樣的提問會生成不同的回覆訊息。我們也可以設定 n 參數，而使 OpenAI API 一次生成兩個以上的不同回覆訊息，n 參數的預設值為整數 1。要注意的是，n 參數值越大，所生成回覆訊息文本耗費的 token 數量也就越多。

⊙ 範例：

　　在呼叫 OpenAI API 文本生成服務時，設定 n 參數值為 2，觀察回覆訊息文本。

程式碼　FileName : n.ipynb

```
1-01 !pip install openai
1-02 import openai
1-03 openai.api_key = 'OpenAIAPI 金鑰'       # 金鑰

2-01 response = openai.chat.completions.create(
2-02     model = 'gpt-3.5-turbo',
2-03     messages = [
2-04         {'role': 'user', 'content': '請指出彩虹的顏色'}
2-05     ],
2-06     n = 2                               # 設定回覆生成的訊息數量
2-07 )

3-01 print(response.choices[0].message.content)
     # 輸出第一筆回覆訊息的文本
3-02 print(response.choices[1].message.content)
     # 輸出第二筆回覆訊息的文本
```

➡　彩虹的顏色有七種，按照順序為紅色、橙色、黃色、綠色、藍色、靛色、紫色。
　　彩虹的顏色順序是紅橙黃綠藍靛紫。

◌ 説明

1. 第 2-04 行：向 OpenAI API 提問的文本內容為 '請指出彩虹的顏色' 。

2. 第 2-06 行：設定生成回覆的訊息數量為 2。

3. 第 3-01~3-02 行：先後輸出生成回覆的文本，發現這兩個回覆文本內容相近，但它們是不同的回覆訊息。

4. 若第 2-06 行所設定生成回覆的訊息數量較多時，第 3-01 ~ 3-02 行的敘述最好改用 for 迴圈，依序從回覆訊息中取出 choices 串列內的元素，並存放於物件變數中。如下：

```
4-01 for reply in response.choices:   # 依序取出回覆 choices 串列內的元素
4-02   print(reply.index, reply.message.content)  #輸出元素相關屬性內容
```

➡　0 彩虹的顏色有七種，按照順序為紅色、橙色、黃色、綠色、藍色、靛色、紫色。
　　1 彩虹的顏色順序是紅橙黃綠藍靛紫。

⟳ 説明

1. 第 4-01 行：用 for 迴圈依序從回覆訊息中取出 choices 串列內的元素，並存放於 reply 物件變數中。每一個元素內容皆為一個回覆訊息，本範例設定生成 2 個回覆訊息。

2. 第 4-02 行：從 reply 變數中，先後從生成的 2 個不同物件 (回覆訊息) 中，顯示其索引 (index) 屬性值及回覆文本 (content) 屬性內容。

3.3.2 ChatCompletion 類別物件實體

在上小節的範例中，可觀察到 Chat Completion API 在提問後傳回 (生成) 兩筆不同的回覆訊息，而每一筆回覆訊息都是取自 ChatCompletion 類別的 choices 屬性，該屬性值為串列資料型別。範例所使用的 reply 物件變數便是用來存放 choices 屬性的串列元素，而元素內含有 index (索引) 屬性、message (訊息) 屬性、content (文本) 屬性、finish_reason (結束原因) 屬性…等。

在上個範例中，若要觀察到完整的回覆訊息，即 ChatCompletion 類別物件實體的各屬性架構及內容。則須安裝一個可美化終端格式的外部套件 rich，並使用該套件的 print 函式來顯示回覆訊息。

⬇ 範例：

接續前範例，安裝外部套件 rich，顯示 ChatCompletion 物件實體內容。

程式碼 FileName：n.ipynb

```
5-01 !pip install rich                    # 安裝外部套件 rich
5-02 from rich import print as rprint
         # 匯入 print 函式, 另取別名 rprint


6-01 rprint(response)                     # 顯示 ChatCompletion 類別物件實體內容
```

```
ChatCompletion(
    id='chatcmpl-8jztCT3Rix0jYJ1Y9CAHKL3NVjqIx',
    choices=[               ◀──────  存放回覆訊息的串列
        Choice(
            finish_reason='stop',
            index=0,        ◀──────  第一筆回覆訊息的索引
            logprobs=None,
            message=ChatCompletionMessage(
                content='彩虹的顏色有七種，按照順序為紅色、橙色、黃
色、綠色、藍色、靛色、紫色。',
                role='assistant',       第一筆回覆訊息的文本
                function_call=None,
                tool_calls=None
            )
        ),
        Choice(
            finish_reason='stop',
            index=1,        ◀──────  第二筆回覆訊息的索引
            logprobs=None,
            message=ChatCompletionMessage(
                content='彩虹的顏色順序是紅橙黃綠藍靛紫。',
                role='assistant',
                function_call=None,
                tool_calls=None         第二筆回覆訊息的文本
            )
        )
    ],
    created=1705973354,
    model='gpt-3.5-turbo-0613',
    object='chat.completion',
    system_fingerprint=None,
    usage=CompletionUsage(
        completion_tokens=84,
        prompt_tokens=20,
        total_tokens=104
    )
)
```

說明

1. 第 5-02 行：由於 rich 套件所提供的 print 函式，與 Python 系統的 print
   函式名稱相同。為避免混淆，故將 rich 套件提供的 print 函式名稱另取
   別名為 rprint，以便和 Python 的 print 函式名稱區分。

2. 第 6-01 行：顯示向 OpenAI API 提問所回傳 ChatCompletion 類別物件實體的完整內容，該類別實體在傳出生成時 (第 2-01 行)，指定給 response 物件變數存放。

3.4 調整特定 token 生成的可能性

在 3.2.2 節介紹 stop 參數的範例中，我們指定 GPT 模型在生成回覆時，當文本遇到 '血' 或 '肉' 這兩個字串時，生成回覆立刻中斷。如果我們只是不想讓某些特定的詞彙出現，而不是讓生成回覆中斷。這時就要使用參數 logi-bias，它可以直接控制特定 token 單詞的出現可能性。首先要先用 tiktoken 套件知道欲控制單詞的 token ID，即 token 識別碼，再用 logi-bias 參數設定這個 token ID 出現的可能性。logi-bias 參數對特定 token ID 的調整值介於 -100 ～ 100 之間，極端值 -100 會讓特定的 token ID 在生成時出現的可能性為零；而極端值 100 會讓特定的 token ID 在生成時強制出現。

範例：

先用 tiktoken 套件，查詢 '血' 或 '肉' 這兩個單詞的 token ID。呼叫服務的 API 時，再設定 token ID 串列元素的 logi-bias 調整值，使生成回覆完整訊息時，其文本內容不會出現 '血' 或 '肉' 這兩個單詞。

程式碼 FileName : logi-bias.ipynb

```
1-01 !pip install tiktoken
1-02 import tiktoken
1-03 encoder = tiktoken.encoding_for_model('gpt-3.5-turbo')

2-01 token = encoder.encode('血肉')   # 將字串'血肉'轉換成 token ID 串列
2-02 print(token)
     [13079, 222, 57942, 231]
```

```
3-01 !pip install openai
3-02 import openai
3-03 openai.api_key = 'OpenAIAPI 金鑰'     # 金鑰
```

```
4-01 response = openai.chat.completions.create(
4-02     model = 'gpt-3.5-turbo',
4-03     messages = [
4-04         {'role': 'user', 'content': '列出 10 個台灣小吃名稱'}
4-05     ],
4-06     logit_bias = {
4-07         13079: -100,
4-08         222: -100,
4-09         57942: -100,
4-10         231: -100
4-11     }
4-12 )
```

```
5-01 print(response.choices[0].message.content)    # 輸出回覆訊息的文本
```
　　1. 鹽酥雞
　　2. 滷味
　　3. 珍珠奶茶
　　4. 肥腸燒餅
　　5. 排骨酥
　　6. 蚵仔煎
　　7. 豬腳飯
　　8. 魷魚羹
　　9. 高麗菜捲
　　10. 燒餅油條

説明

1. 第 2-01~2-02 行：將字串 '血肉' 轉換成 token ID 串列，得知其中 '血' 字元的 token ID 是 13079 和 222，而 '血' 字元的 token ID 是 57942 和 231。

2. 第 4-04 行：向 OpenAI API 提問的文本內容為 '列出 10 個台灣小吃名稱'。

3. 第 4-06~4-11 行：設定 token ID 串列 [13079, 222, 57942, 231] 各元素的 logi-bias 調整值，皆設定為 -100，使這些 '血'、'肉' 這兩個字元在生成回覆文本時，出現的可能性為零。

4. 第 5-01 行：從輸出的回覆訊息中可看到 '血'、'肉' 這兩個字元沒有出現，進而影響到像「豬血糕」、「米血」、「魯肉飯」、「雞肉飯」…等台灣小吃名稱出現的可能性。

3.5 控制回覆單詞或語句的預測概率

使用 OpenAI API 文本生成服務進行提問和回覆過程，都是透過深度學習的語言模型來運作。語言模型的工作原理是獲取大量的文本數據，訓練分析現有文字的內容，如：情感分析、關鍵片語擷取、具名實體辨識，從中學習單詞和概念語句之間的關係。訓練後可用來生成文本回答提問。在生成回覆文本時，會猜測語句和段落接下來會發生什麼，甚至想出新的單詞和概念語句。

當提問時輸入 '貓的習性'，GPT 模型會如何回覆。如果已生成的語句出現 '貓喜歡'，則接下來模型預測概念語句可能有哪些？其分別對應概率為多少，便產生 n 個候選語句。假設模型預測含概率的候選語句如下：玩耍 (0.32)、睡覺 (0.08)、喵喵叫 (0.04)、搔癢 (0.23)、用舌頭舔毛 (0.18)、拱背 (0.02)、獵物 (0.13) … (這些含概率的候選語句純屬筆者為講解說明而杜撰，真實情況比這個更加多語句且更加複雜)。最後根據不同的解碼策略，從候選語句中解碼出經參數值設定需求的語句再進行輸出。

3.5.1 temperature 參數

temperature (溫度) 參數設定值介於 0 ~ 2 之間。較高的 temperature 值，代表候選回覆語句受到上下擾動的程度較大，使輸出更加隨機，回覆語句多樣且有創意，其等待回覆的時間較長；而較低的值，代表候選回覆語句受到擾動的程度較小，亦即概率大的會比概率小的常被取用，使輸出更加集中和固定，其等待回覆的時間較短，但回覆語句會有重複出現機率大而欠缺多樣性。

temperature 參數設定值太高時 (如設定為 1.9)，有時回覆內容會失控生成的天馬行空的語句；temperature 參數設定值太低時 (如設定為 0.3)，會造成回覆內容沒有變化性。temperature 參數的預設值為 1，在回答提問時，不會呆板也不會生成不尋常語句。如果沒有特殊需求，建議不要更改。

範例：

　　在呼叫服務 API 時，設定 n = 2，temperature = 0.1，觀察前後所生成的兩個回覆訊息的文本，其重複出現機率如何？

程式碼　FileName：temperature.ipynb

```
1-01 !pip install openai
1-02 import openai
1-03 openai.api_key = 'OpenAIAPI 金鑰'        # 金鑰

2-01 response = openai.chat.completions.create(
2-02     model = 'gpt-3.5-turbo',
2-03     messages = [
2-04         {'role': 'user', 'content': '僅列出一項台灣小吃名稱'}
2-05     ],
2-06     n = 2,                          # 設定回覆生成的訊息數量
2-07     temperature = 0.1               # 參數值設很低,使回覆訊息重複性高

3-01 print(response.choices[0].message.content)
     # 輸出第一筆回覆訊息的文本
3-02 print(response.choices[1].message.content)
     # 輸出第二筆回覆訊息的文本
```

⮕　鹹酥雞
　　鹹酥雞

說明

1. 第 2-04 行：向 OpenAI API 提問的內容為 '僅列出一項台灣小吃名稱'。

2. 第 2-07 行：temperature 參數值為 0.1，是很低的設定值，容易造成每次所生成的回覆文本的重複性高變化性不明顯，因概率大的候選語句出現機率極大。相對的，若 temperature 參數值設定很高 (如 1.9)，則每次回覆生成的語句必然變化性高，因概率大與概率小的候選語句出現的機率相差不多。

3.5.2 top_p 參數

top_p 參數設定值介於 0 ~ 1 之間。top_p 參數值大小會影響到候選序列取用的數量，因 top_p 參數接受的是一個累積概率。原理是模型會先將候選的單詞或概念語句按照概率從大到小進行排序，例如：'貓喜歡' 接下來模型預測候選語句排序後的序列如下：①玩耍 (0.32)、②搔癢 (0.23)、③用舌頭舔毛 (0.18)、④獵物 (0.13)、⑤睡覺 (0.08)、 ⑥喵喵叫 (0.04)、⑦拱背 (0.02)。接著，模型再將候選語句中由概率大往下逐一相加，當累積概率超過 top_n 參數時，就停止處理後面的候選語句。如下表所示：

候選語句	概率	累積概率
玩耍	0.32	0.32
搔癢	0.23	0.55
用舌頭舔毛	0.18	0.73
獵物	0.13	0.86
睡覺	0.08	0.94
喵喵叫	0.04	0.98
拱背	0.02	1

若設定 top_p = 0.8，則備選語句的集合為 ('玩耍', '搔癢', '用舌頭舔毛')。所以 top_p 參數預設值為 1，表示所有候選語句皆為備選語句集合的元素。

⬇ **範例**：

在呼叫服務 API 時，設定 n = 2，top_p = 0.25，觀察前後所生成的兩個回覆訊息的語句，分別被選到出現的情況如何？

程式碼　FileName : top_p.ipynb

```
1-01 !pip install openai
1-02 import openai
1-03 openai.api_key = 'OpenAIAPI 金鑰'        # 金鑰

2-01 response = openai.chat.completions.create(
2-02     model = 'gpt-3.5-turbo',
2-03     messages = [
2-04         {'role': 'user', 'content': '請用 35 個以內的字介紹台北市'}
2-05     ],
2-06     n = 2,                      # 設定回覆生成的訊息數量
2-07     top_p = 0.25                # 參數值設很低,使備選語句集合元素少
2-08 )

3-01 for reply in response.choices:
3-02     print (reply.index, reply.message.content)
```

➡　0 台北市,台灣的首都,擁有繁華的都市風貌,融合現代與傳統文化,擁有美食、夜市、文化古蹟等豐富的旅遊資源,是個充滿活力的城市。
　　1 台北市,台灣的首都,繁榮繁忙的都市,擁有現代化的建築、美食、文化藝術和夜市,吸引著遊客品味多元的魅力。

🔍 **說明**

1. 第 2-04 行：OpenAI API 提問文本為 '請用 35 個以內的字介紹台北市'。

2. 第 2-07 行：top_p 參數值為 0.25，是很低的設定值，會使備選語句集合的元素很少，容易造成每次所生成的回覆文本會很相似。由第 3-01 ~ 3-02 行的輸出結果可以得到印證。

3. top_p 和 temperature 兩參數值會互相干擾，最好皆使用預設值。如有必要變動時，建議兩者只擇一更改。

3.6　控制回覆文本詞彙的重複性

　　服務 API 模型在生成回覆文本時，會對可以接續下一個候選語句集合中的元素分別標記分數，分數標記越高者，表示越適合，出現的概率越高。上一節的 temperature 和 top_p 參數值用來控制回覆語句的預測概率標記。

3.6.1 presence_penalty 參數

　　presence_penalty 參數設定值介於 -2.0 ~ 2.0 之間，預設值為 0。在生成回覆文本時，若已出現的語句，直接將它的分數標記進行懲罰。當參數為正值時，該概念語句計算後的分數標記會減少；當參數為負值時，該概念語句計算後的分數標記會增加。

🔽 **範例：**

　　在呼叫服務 API 時，設定 presence_penalty = -2，觀察生成回覆訊息文本中，是否會有一些概念語句重複出現。

程式碼　FileName : presence.ipynb

```
1-01 !pip install openai
1-02 import openai
1-03 openai.api_key = 'OpenAIAPI 金鑰'      # 金鑰

2-01 response = openai.chat.completions.create(
2-02     model = 'gpt-3.5-turbo',
2-03     messages = [{'role': 'user',
                     'content': '請用 100 個字介紹北極熊'}],
2-04     presence_penalty = -2      # 參數值設很低,使語句重複出現機會變大
2-05 )

3-01 print(response.choices[0].message.content)
```

➥ 北極熊是一種生活在北極圈地區的大型熊科動物。牠們以極地環境為生，以獵食海豹為主食。北極熊的外型特徵是身體大型且圓胖，毛皮為白色，以利隱藏在冰雪中。牠們有發達的前肢以游泳、追捕獵物，且牠們的鼻孔能在水中喉獻呼吸。北極熊是極地生態環境的主要食物鏈環節，也是受到全球暖化威脅的物種之一。牠們的數量受到氣候變化、獵物減少和環境破壞的影響，因此，北極熊的保育變得非常重要。

説明

1. 第 2-03 行：向 OpenAI API 提問的文本內容為 '請用 100 個字介紹北極熊'。

2. 第 2-04 行：presence_penalty 參數值設為 -2，是最低的設定值，用意是使一些概念語句重複出現的機會變大。

3. 第 3-01 行：從輸出結果可以發現 '北極熊'、'環境'、'獵物' 等概念語句有較多重複出現的情形。

4. 如果把第 2-04 行的 presence_penalty 參數值設為 2，用最高的設定值，可讓概念語句重複出現的次數減少。使第 3-01 行執行結果如下：

➥ 北極熊是一種生活在北極地區的大型食肉動物，也被稱為白熊。牠們以海洋中的魚類、海豹等獵物為食，善於游泳和潛水。北極熊的身體毛色呈現乳白色，適應寒冷環境的厚毛皮可以保暖，並且能夠讓牠們在雪地上隱藏自己。牠們具有強壯的骨骼和良好的漂浮性，使得在浮冰上行走變得容易。然而，由於全球氣候變暖導致海洋冰層減少，北極熊正面臨日益嚴重的棲息地喪失和食物短缺問題，因此受到國際關注和保護。

3.6.2 frequency_penalty 參數

　　frequency_penalty 參數設定值介於 -2.0 ~ 2.0 之間，預設值為 0。在生成回覆文本時，若已出現的語句，直接將它的預測出現的概率標記進行懲罰。當參數為正值時，該概念語句計算後的概率標記會減少；當參數為負值時，該概念語句計算後的概率標記會增加。

⬇ 範例：

　　在呼叫服務 API 時，設定 frequency_penalty = -2，觀察生成回覆訊息文本中，是否有一些概念語句會重複出現。

程式碼 FileName : frequency.ipynb

```
1-01 !pip install openai
1-02 import openai
1-03 openai.api_key = 'OpenAIAPI金鑰'        # 金鑰


2-01 response = openai.chat.completions.create(
2-02     model = 'gpt-3.5-turbo',
2-03     messages = [{'role': 'user',
                     'content': '請用40個字介紹北極熊'}],
2-04     frequency_penalty = -2        # 參數值設很低,使語句重複出現概率變大
2-05 )


3-01 print(response.choices[0].message.content)
```

➡ 北極熊是生活在北極圈內的哺乳動物,以其厚厚的白色毛皮和強壯的身軀而著名。它們生活在極寒的環境中,以獵食海豹維生,熊的環繞熊環環環環環環環環環環環環環環環環環環環環

↻ 說明

1. 第 2-03 行:向 OpenAI API 提問的內容為 '請用 40 個字介紹北極熊'。

2. 第 2-04 行:frequency_penalty 參數值設為 -2,是最低的設定值,會導致某語句出現的概率不斷增加,最後會造成同一單詞一直重複出現。而且等待的時間會很久。

3. 第 3-01 行:從輸出結果可以發現 '環境' 語句重複出現了,造成 '環' 這個單詞的概率狂升、最後 '環' 這個單詞就一直出現了。

4. 如果把第 2-04 行的 frequency_penalty 參數值設為 2,用最高的設定值,可讓概念語句重複出現的概率減少,而且等待的時間會很短。使第 3-01 行執行結果如下:

➡ 北極熊是一種生活在極寒地區的大型哺乳動物,以其白色毛皮和強壯身體而聞名。牠們靠捕食海豹等水生動物為主食,在漫長的冬季中透過厚重的脂肪層保暖。

3.7 流式傳輸

　　預設情況下，當我們向 OpenAI API 提問請求時，GPT 模型會生成整個完成的回覆訊息，然後再以整個回應的形式發送回。如果要生成的語句較長時，可能需要較長的時間來等待回應。可以設定 stream 參數值為 True，使已經生成的片段語句在預測下一個單詞的等待時間，便能以「流式傳輸」的方式循序輸出顯現。這允許在生成全部回覆文本之前，便可以一邊生成訊息一邊取得片段文本，以流式呈現減少等待時間。

　　在呼叫文本生成服務 API 時，設定 stream = True，API 會傳回一個容器，它是一種可迭代物件，它包含了回覆訊息中的所有生成含有片段語句的 ChatCompletionChunk 物件。(有關可迭代物件，請參閱第 5.3 節)

📥 **範例：**

呼叫服務 API 時，在提問時設定 stream = True，觀察生成回覆訊息中，每一個片段語句訊息 (ChatCompletionChunk 物件) 內容。

程式碼 FileName : ChatCompletionChunk.ipynb

```
1-01 !pip install openai
1-02 import openai
1-03 openai.api_key = 'OpenAIAPI 金鑰'      # 金鑰

2-01 response = openai.chat.completions.create(
2-02     model = 'gpt-3.5-turbo',
2-03     messages = [{'role': 'user', 'content': '哈囉'}],
2-04     stream = True                # 設定流式傳輸生成回覆
2-05 )

3-01 !pip install rich                      # 安裝外部套件 rich
3-02 from rich import print as rprint # 匯入 print 函式,另取別名 rprint
```

```
4-01 for chunk in response:
4-02     rprint(chunk)
4-03     print('-----------------------------------------------------')
```

⤷ ChatCompletionChunk(【第一個片段訊息】
    id='chatcmpl-8mdNEMV94boQ6dK1qNtNAHBrlSjFI',
    choices=[
        Choice(【第一個片段訊息的
                                           文本內容為空字串】
            delta=ChoiceDelta(content='',
                function_call=None, role='assistant', tool_calls=None),
            finish_reason=None,
            index=0,
            logprobs=None   【第一個片段訊息用來指出角色
)   為'assistant'(AI 助理)，
    ],   所以沒有文本內容】
    created=1706601788,
    model='gpt-3.5-turbo-0613',
    object='chat.completion.chunk',
    system_fingerprint=None
)

ChatCompletionChunk(【第二個片段訊息】
    id='chatcmpl-8mdNEMV94boQ6dK1qNtNAHBrlSjFI',
    choices=[【第二個片段訊息
                                         的文本內容為'嗨'】
        Choice(
            delta=ChoiceDelta(content='嗨',
                function_call=None, role=None, tool_calls=None),
            finish_reason=None,
            index=0,
            logprobs=None
)
    ],
    created=1706601788,
    model='gpt-3.5-turbo-0613',
    object='chat.completion.chunk',
    system_fingerprint=None
)

ChatCompletionChunk(【第三個片段訊息】
    id='chatcmpl-8mdNEMV94boQ6dK1qNtNAHBrlSjFI',
    choices=[
        Choice(
            delta=ChoiceDelta(content='有',
                function_call=None, role=None, tool_calls=None),
            finish_reason=None,
            index=0,
            logprobs=None
)
    ],
    created=1706601788,
    model='gpt-3.5-turbo-0613',
```
```

```
      object='chat.completion.chunk',
      system_fingerprint=None
)
-----------------------------------------------------
   :
   :
   :
-----------------------------------------------------
ChatCompletionChunk(                          最後一個片段訊息
   id='chatcmpl-8mdNEMV94boQ6dK1qNtNAHBrlSjFI',
   choices=[
      Choice(                              最後一個片段的文本為 None
         delta=ChoiceDelta(content=None,
               function_call=None, role=None, tool_calls=None),
         finish_reason='stop',
         index=0,                    終止生成回覆的參數
         logprobs=None
      )
   ],
   created=1706601788,
   model='gpt-3.5-turbo-0613',
   object='chat.completion.chunk',
   system_fingerprint=None
)
-----------------------------------------------------
```

☌ 說明

1. 第 2-04 行：參數 stream = True，API 會以流式傳輸的方式循序生成回覆
   訊息。

2. 第 3-02 行：將 rich 套件提供的 print 函式名稱另取別名 rprint，以便於
   和 Python 的 print 函式名稱區分。

3. 第 4-01 行：response 物件是一個容器，是由第 2-01 行提問時所生成回
   覆訊息。chunk 變數為每一個 ChatCompletionChunk 物件實體，而片段
   語句文本則存放在物件的 choices[0].delta.content 屬性中。本程式此次回
   覆的片段訊息文本依序是 '嗨'、'有'、'什'、'麼'、'我'、'可以'、'為'、
   '你'、'做'、'的'、'嗎'、'？'。不同時候生成的回覆訊息片段會有所不同。

　　由上面範例中可以看到，流式傳輸的回覆訊息生成方式，是使用物
件變數將片段語句訊息的 ChatCompletionChunk 物件實體依序傳出。而
每個物件變數的 choices[0].delta.content 屬性存放著該片段訊息的文本。

範例：

呼叫服務 API 時，在提問時設定 stream = True，依序從每一個片段訊息 (ChatCompletionChunk 物件) 中，以流式傳輸方式輸出片段文本。

程式碼 FileName：stream.ipynb

```
1-01  !pip install openai
1-02  import openai
1-03  openai.api_key = 'OpenAIAPI 金鑰'        # 金鑰

2-01  response = openai.chat.completions.create(
2-02      model = 'gpt-3.5-turbo',
2-03      messages = [{
2-04          'role': 'user',
2-05          'content': '請描述米格魯這種狗的特性'
2-06      }],
2-07      stream = True                # 設定流式傳輸生成回覆
2-08  )

3-01  for chunk in response:
3-02      if chunk.choices[0].delta.content is not None:
3-03          print(chunk.choices[0].delta.content, end='')
```

••• 米格魯，或稱為米格狗 (Miguelito)，是一種中型犬種，具有以下特性：
1. 外觀特點：米格魯有一個結實而敏捷的身體，身高約在 15 到 20 英寸之間，體重約在 20 到 30 磅。牠們有著圓潤的頭部和中等大小的 ◄── 生成回覆還未結束

└── 生成回覆流式傳輸正在進行中

說明

1. 第 2-04 行：向 OpenAI API 提問的文本為 '請描述米格魯這種狗的特性'。

2. 第 3-02 行：由於最後一個片段訊息的 delta.content 屬性為 None，故用此敘述，避免印出 None。

3. 第 3-03 行：依序從第一個片段訊息到倒數第二個片段訊息中，接續顯示其文本內容，而且是一邊生成訊息一邊取得片段文本串流式呈現。

Gradio 互動式網頁

4.1 認識 Gradio

4.1.1 Gradio 簡介

前面章節介紹如何在 Colab 開發環境中使用 Python 語言，透過 OpenAI API 呼叫 OpenAI 所提供的服務，但是所產生的結果無法分享。所幸使用 Gradio 套件可以快速建立互動式網頁，而且非常簡單易學。Gradio 是用來建立展示機器學習模型的瀏覽器互動式網頁程式，屬於 Python 語言的開源程式庫，在 2021 年被 Hugging Face 公司收購並持續維護和開發。

使用 Gradio 套件可以迅速建立出實用的使用者介面，而且可以在瀏覽器中進行文字輸入、圖像上傳、聲音錄製、視訊播放⋯等互動性的操作。現今 Gradio 廣為人工智慧開發者所愛用，因為 Gradio 具備以下的多種優點：

1. **容易學習**：Gradio 只需要短短幾行程式，就可以定義出輸入和輸出介面，快速建立互動式網頁。對於不熟悉 HTML、JavaScript、CSS…等網頁前端開發語言的初學者，是莫大的福音。

2. **快速部署**：Gradio 建立互動網頁的時候，會同步發布到網站中部署，只要分享連結網址，就可以供使用者使用。不需要了解網路的後端服務，即可迅速完成部署公開分享。

3. **方便除錯**：Gradio 在 Colab 開發環境中可以直接顯示網頁介面，在除錯方面非常方便。

4. **介面種類眾多**：Gradio 提供多種不同類型的介面元件 (component)，例如：文字方塊、滑桿、選項鈕、核取方塊、圖像、圖庫、音訊、視訊…等，使得所開發的介面實用又多元。

5. **支援自行微調介面**：除了使用 Gradio 預設的介面元件外，還可以自行進一步設定元件的各種參數，達到客製化的效果。

6. **免費使用**：Gradio 功能強大而且好用，因為是屬於開源程式，所以可以免費使用。

　　上面說明使用 Gradio 套件開發互動式網頁的優點，但是也會有些小小的缺失。例如所開發的介面相對比較簡單，不夠美觀和酷炫。所部署的網頁程式只有 72 小時的使用期限，不是永久有效 (可向 Hugging Face 公司進一步申請長期使用)。雖然如此，但是因為 Gradio 可以輕易地快速完成工作，仍是產生網頁使用者介面的利器。

4.1.2 開發互動式網頁的步驟

　　使用 Gradio 開發互動式網頁時，Python 的版本必須至少為 3.8 版。如果要查詢 Python 的版本可以輸入以下敘述：

```
!python --version
```

以下用一個簡單的範例，說明使用 Gradio 套件開發互動式網頁的方法。請先新增一個 FirstGradio.ipynb 筆記本，然後依照下列步驟撰寫程式。

1. **安裝 gradio 套件**：在程式碼儲存格輸入如下安裝 gradio 套件的敘述，並執行程式。

```
!pip install gradio
```

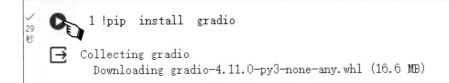

2. **引用 gradio 套件**：在新的程式碼儲存格輸入如下敘述，引用 gradio 套件並設別名為 gr，輸入後執行程式。

```
import gradio as gr
```

3. **定義處理函式**：在新的程式碼儲存格輸入如下的 hello() 函式，傳入 user_name 參數，傳回問候字串，輸入後執行程式。hello() 函式供 gradio 的 Interface() 方法呼叫，定義時要配合以下所定義 Interface 物件。函式的參數個數、資料型別和順序，要和 Interface 物件的輸入元件 (inputs) 相配合。函式傳回值的個數、資料型別和順序，也要和 Interface 物件的輸出元件 (outputs) 相配合。

```
1   def hello(user_name):
2       return user_name + '你好！'
```

4. **定義 Interface 物件**：在新的程式碼儲存格輸入如下程式，建立名稱為 iface 的 Interface 物件，輸入後執行程式。

```
1    iface = gr.Interface(          ← gr(gradio)的 Interface() 方法
2                 fn=hello,
3    iface 為      inputs='text',
4    Interface 物件  outputs='text')
```

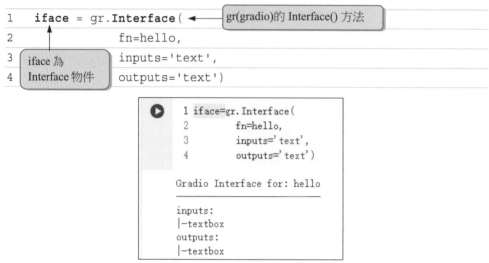

說明

1. 第 1 行：gradio 的核心是 Interface 物件，可以建立使用者介面，其中有 fn、inputs、outputs 三個重要參數，傳回值指定給 Interface 物件 iface。

2. 第 2 行：fn 參數用來指定處理的函式，此處是指定為 hello() 函式。

3. 第 3 行：inputs 參數用來指定輸入介面的元件，此處是指定為 'text'，表示輸入元件為文字方塊，可供使用者輸入文字資料。輸入的資料會傳給 hello() 函式的 user_name 參數。

4. 第 4 行：outputs 參數用來指定輸出介面的元件，此處是指定為 'text'，表示輸出元件為文字方塊。輸出的資料來源為 hello() 函式的傳回值。

5. **部署網頁**：在新的程式碼儲存格輸入如下的敘述，輸入後執行程式來部署 Interface 物件所產生的互動式網頁。執行介面後可以直接在 Colab 整合開發環境看到結果，也可以連結到部署的網址由瀏覽器中查看。

```
1    iface.queue()
2    iface.launch()
```

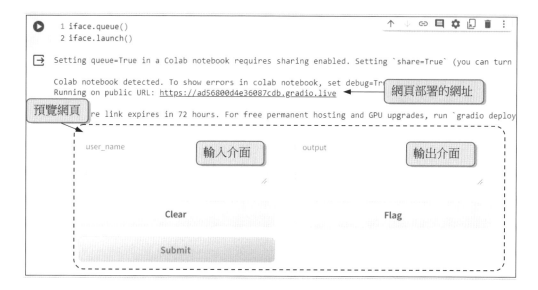

執行結果

⟳ 説明

1. 第 1 行：queue() 方法執行後會開啟佇列，以便讓產生的結果會依照順序輸出。

2. 第 2 行：launch() 方法會啟動一個網路伺服器供展示網頁。產生的網頁只能供自己瀏覽，如果希望供大眾使用則必須將 share 參數設為 True。

   ```
   iface.launch(share = True)
   ```

   如果介面執行結果不正確需要除錯時，可以將 debug 參數設為 True。停止介面執行時，可以由執行情形判斷可能出錯的敘述。

   ```
   iface.launch(debug = True)
   ```

3. 定義 Interface 物件和部署網頁的程式碼也可以寫在一起，程式碼會比較
   簡潔：

```
1    gr.Interface(
2        fn=hello,
3        inputs='text',
4        outputs='text').queue().launch()
```

4.2 Gradio 基本語法介紹

在上一節介紹使用 Gradio 開發互動式網頁的簡單方法，本節將介紹一些基本的用法，可以使得介面更加清楚。

4.2.1 Interface 物件的主要屬性

Interface 物件最主要的屬性是下列三個：

1. **fn**：指定處理的函式，函式處理的資料來自 inputs 屬性所指定的元件，而處理後的傳回值會在 outputs 屬性的元件上顯示。

2. **inputs**：指定輸入元件的類型，輸入元件接受的資料會傳給 fn 指定的函式處理。常用的元件類型有 'text' (供使用者輸入文字的文字方塊)、'image' (供使用者指定圖檔)、'checkbox' (核取方塊)、'audio' (音訊)…等。如果介面不需要有輸入元件，可以設為 None。如果有多個輸入元件時，可以使用串列來表示。例如 inputs = ['text', 'text']，會建立兩個可供輸入的文字方塊。

3. **outputs**：指定輸出元件的類型，輸出元件會顯示函式處理後的傳回值。常用的元件類型有 'text' (顯示和輸入文字)、'image' (顯示圖檔)、'label' (顯示文字的文字標籤)、'number' (顯示數值的數值標籤)…等。如果介面不需要有輸出元件時，可以設為 None。如果有多個輸出元

件，可使用串列來表示。例如：outputs = ['text', 'label', 'number']，會建立文字方塊、文字標籤和數值標籤三個輸出元件。

範例：

使用者可以輸入姓名和年份，勾選是否為西元年，會輸出問候訊息和所轉換的民國或西元年。

執行結果

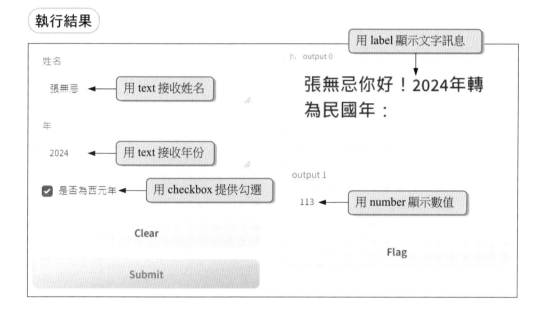

程式碼 FileName : Year.ipynb

```
1-01 !pip install gradio          程式儲存格1
1-02 import gradio as gr
```

```
2-01 def Change(姓名, 年, 是否為西元年):
2-02   years = int(年)              程式儲存格2
2-03   msg = ''
2-04   if 是否為西元年 == True:
2-05     years -= 1911
2-06     msg = '民國'
2-07   else:
2-08     years += 1911
```

```
2-09    msg = '西元'
2-10    return f'{姓名}你好！{年}年轉為{msg}年：', years
```

```
3-01 iface = gr.Interface(                          程式儲存格 3
3-02    fn=Change,
3-03    inputs=['text','text','checkbox'],
3-04    outputs=['label','number'])
```

```
4-01 iface.queue()                                  程式儲存格 4
4-02 iface.launch()
```

說明

1. 第 1-01~1-02 行為程式儲存格 1 中程式碼敘述、第 2-01~2-10 行表程式
   儲存格 2 中程式碼敘述、…其他以此類推。

2. 第 1-01~1-02 行：安裝 gradio 套件後引用 gradio 套件，指定別名為 gr。

3. 第 2-01~2-10 行：定義 Change() 函式來處理 gradio 介面的元件值，其中
   有 姓名、年、是否為西元年 三個參數，依序分別對應 Interface 物件的
   三個輸入元件，兩個 text 和一個 checkbox。此處變數名稱使用中文，是
   因為 gradio 預設使用變數名稱做為元件的標題。函式的兩個傳回值，依
   序分別對應 Interface 物件的兩個輸出元件 label 和 number。

4. 第 2-02 行：參數 年 的資料型別為字串，須強制轉型為 int 才能運算。

5. 第 2-04~2-09 行：為選擇結構根據 是否為西元年 參數值，分別設定不
   同的 years 和 msg 值。

6. 第 3-01~3-04 行：定義 Interface 物件，指定 Change() 函式，inputs 屬性
   指定兩個 'text' (輸入值為字串) 和 一個 'checkbox' (輸入值為布林值) 輸入
   元件。outputs 屬性指定 'label' (輸出值為字串) 和 'number' (輸出值為數
   值) 輸出元件。

7. 如果 Change() 函式程式碼有修改時，除該程式儲存格要重新執行外，
   第 3 和第 4 儲存格也要執行，才能正確觀察到修正後的結果。

4.2.2 Interface 物件的進階屬性

　　Interface 物件除了 fn、inputs、outputs 三個最主要的屬性外，還有一些較不常用的屬性，但是設定這些屬性可以讓介面更加符合需求。

1. **title**：指定整個介面的**標題文字**，會顯示在輸入和輸出元件的上方。

2. **description**：指定**說明文字**，會顯示在標題文字的下方。屬性值可以採用一般文字，或是 Markdown、HTML…等格式。

3. **article**：指定**註解文字**，會顯示在輸入、輸出區的下方。屬性值可以採用一般文字，或是 Markdown、HTML…等格式。

4. **examples**：使用串列來顯示輸入元件的**範例**，會以表格的形式呈現，第一列為輸入元件標題，第二列起為所設定的串列值。

5. **allow_flagging**：如果不想顯示輸出介面下方的 Flag 按鈕，可以將屬性值設為 'never'。

6. **live**：如果需要每當輸入元件有更動時，介面就隨之更新，就可以設定屬性值為 True。

📥 **範例：**

設計一個使用者輸入身高和體重，可以計算出 BMI 值以及體重狀態的程式。

BMI 公式：體重/（身高*身高）【體重單位為公斤，身高單位為公尺】

標準體重 BMI 值介於 18.5~24，小於 18.5 過輕，大於等於 24 則過重。

執行結果

BMI計算 ◀ title

請輸入身高和體重後計算BMI值 ◀ description

身高

[text]

體重

[text]

Clear

Submit ◀ examples

output 0

0 ◀ number

output 1

📑 ◀ label

allow_flagging 設為 'never' 隱藏 flag 按鈕

☰ Examples

身高	體重
單位公分	單位公斤
例如172	68.5

BMI是世界衛生組織建議作為衡量肥胖程度的依據 ◀ article

程式碼 FileName : BMI.ipynb

```
1-01 !pip install gradio
1-02 import gradio as gr

2-01 def Count(身高, 體重):
2-02    h = float(身高)/100
2-03    w = float(體重)
2-04    bmi = round(w/(h*h),2)
2-05    msg = '體重過重！'
2-06    if bmi<18.5:
2-07        msg = '體重太輕！'
```

```
2-08    elif bmi>=18.5 and bmi<24:
2-09      msg = '體重正常！'
2-10    return bmi,msg


3-01 gr.Interface(
3-02    fn=Count,
3-03    inputs=['text','text'],
3-04    outputs=['number','label'],
3-05    title='BMI 計算',
3-06    description='請輸入身高和體重後計算 BMI 值',
3-07    article='BMI 是世界衛生組織建議作為衡量肥胖程度的依據',
3-08    examples=[['單位公分','單位公斤'],['例如172','68.5']],
3-09    allow_flagging='never'
3-10 ).queue().launch()
```

說明

1. 第 2-01~2-10 行：定義 Count() 函式來處理 gradio 介面的元件值，其中有 身高、體重 兩個參數，計算後傳回 BMI 值和體重狀態訊息。

2. 第 2-02~2-03 行：身高、體重 參數值強制轉型為 float，其中身高要除以 100 轉為公尺。

3. 第 2-04 行：用 round() 函式將 BMI 值四捨五入到小數第二位。

4. 第 2-05~2-09 行：用選擇結構根據 BMI 值，設定 msg 體重狀態訊息。

5. 第 3-05~3-07 行：設定 title、description、article 屬性值，分別設定介面的「標題」、「說明」和「註解文字」內容。

6. 第 3-08 行：設定 examples 屬性顯示範例，屬性值為 [['單位公分', '單位公斤'], ['例如 172', '68.5']] 。

7. 第 3-09 行：設定 allow_flagging 屬性值為 'never'，指定不顯示 Flag 鈕。

4.3 Gradio 常用的輸出入元件

前面介紹 Interface 物件的 inputs、outputs 屬性，都是使用元件的名稱字串來指定 (例如 'text')，此時所建立的元件是以預設值呈現。如果想要進一步指定元件的屬性值，達到客製化的效果，就必須採用元件的方式建立。因為 Gradio 提供的介面元件眾多，而且還不斷地開發，所以只介紹一些常用的元件，其餘的部分可以自行到 Gradio 官網 (https://www.gradio.app/) 查看。使用 Gradio 元件的語法如下：

語法　gr.元件名稱(屬性 1 = 屬性值 1, 屬性 2 = 屬性值 2, ...)

4.3.1 Textbox 元件

Textbox 文字方塊元件就像前面使用的 'text'，可以接受和顯示文字資料。只是 Textbox 元件可以進一步設定標題、行數、預設值…等，使得介面可以更加符合需求。Textbox 元件常用的屬性如下：

1. **value**：指定文字方塊的預設文字內容，預設值為空字串。

2. **label**：指定文字方塊的標題，預設值為空字串。

3. **lines**：指定文字方塊呈現的最少行數，預設值為 1。

4. **placeholder**：指定文字方塊的提示文字內容，預設值為 None。

簡例

```
inputs=gr.Textbox(value='100',label='成績',lines=2,placeholder='輸入成績')
```

4.3.2 Slider 元件

如果使用 Textbox 元件供輸入數值資料時,使用者可能會輸入超出範圍,甚至是無法預期的資料,例如「一百」、「壹佰」、「１００」(全形字)…等。Slider 滑桿元件可以供使用者以拖曳方式輸入數值,如此就可以避免產生上述錯誤。

1. **value**:指定滑桿的預設值,當 randomize 屬性值為 True 時無效。

2. **minimum**:指定滑桿的最小值,預設值為 0。

3. **maximum**:指定滑桿的最大值,預設值為 100。

4. **step**:指定滑桿移動的間距值,預設值為 None。

5. **randomize**:預設值為 False。當屬性值設為 True 時,會隨機指定滑桿的 value 屬性值。

`簡例`

```
inputs=gr.Slider(minimum=-50,maximum=40,step=5,value=5,label='溫度')
```

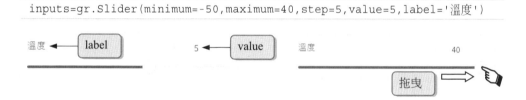

4.3.3 Checkbox 元件

Checkbox 核取方塊元件就是前面使用過的 'checkbox',可以提供使用者勾選項目。

1. **value**:指定核取方塊的勾選狀態,勾選時值為 True;未勾選時值為 False,預設值為 False。

2. **label**:指定核取方塊的標題,預設值為空字串。

3. **info**:指定核取方塊的說明文字,預設值為空字串。

簡例

```
inputs=gr.Checkbox(label='自備環保杯',value=True,info='自備環保杯折 5 元')
```

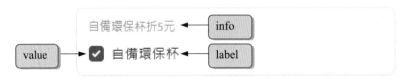

範例：

設計一個博物館門票查詢程式，使用者輸入姓名、年齡，勾選是否為學生或當地居民後，會顯示門票的金額 (全票 100 元、半票 50 元、優待票 30 元)。

門票規則：6 歲以下免費、當地居民為優待票、學生為半票、18 ~ 64 歲全票、其餘年齡皆為半票。

執行結果

輸入你的姓名：

張無忌

輸入你的年齡： 45

☐ 學生

☑ 當地居民

Clear

Submit

票價：

張無忌你好，你的票價是30元

Flag

程式碼 FileName : Ticket.ipynb

```
1-01 !pip install gradio
1-02 import gradio as gr
```

```
2-01 def Price(u_name, u_age, student, local):
2-02   price=0
2-03   if u_age<6:
2-04     price=0
2-05   else:
2-06     if local==True:
2-07       price=30
2-08     elif student==True:
2-09       price=50
2-10     elif u_age >17 and u_age<=64:
2-11       price=100
2-12     else:
2-13       price=50
2-14   return f'{u_name}你好，你的票價是{price}元'
```

```
3-01 name=gr.Textbox(label='輸入你的姓名：')
3-02 age=gr.Slider(minimum=-1,maximum=120,step=1,value=50,label='輸入你的年齡：')
3-03 stu=gr.Checkbox(label='學生',value=False)
3-04 loc=gr.Checkbox(label='當地居民',value=False)
3-05 gr.Interface(
3-06     fn=Price,
3-07     inputs=[name,age,stu,loc],
3-08     outputs=gr.Label(label='票價：')
3-09 ).queue().launch()
```

↻ 説明

1. 第 2-01~2-14 行：定義 Price() 函式來處理 gradio 介面的元件值，其中有 u_name、u_age、student、local 四個參數，計算後傳回姓名和票價的文字訊息。

2. 第 2-03~2-13 行：使用選擇結構根據票價規則，計算出 price 票價。當使用者有勾選學生或當地居民項目時，該元件的值會為 True。

3. 第 3-01~3-09 行：定義 Interface 物件指定網頁介面，並公開發布部署。

4. 第 3-01~3-04 行：當介面的元件眾多時可以先定義為變數，可以提高程式的可讀性。

5. 第 3-07 行：使用變數來指定 inputs 輸入元件。

4.3.4 CheckboxGroup 元件

CheckboxGroup 核取方塊群組元件可以提供多個可勾選的項目，供使用者複選。

1. **choices**：指定多個核取方塊的項目，屬性值可以為字串或數字的串列，例如：['運動', '音樂', '電玩']、[1000, 500, 100, 10]。

2. **value**：指定預設勾選的項目串列。

3. **label**：指定核取方塊群組的標題，預設值為空字串。

4. **info**：指定核取方塊群組的說明文字，預設值為空字串。

5. **type**：指定核取方塊群組傳回值的類型。屬性值為 'value' 時傳回選項的標題字串，若為 'index' 則傳回選項的索引值，預設值為 'value'。

簡例

```
inputs=gr.CheckboxGroup(choices=['阿里山','日月潭','台中公園','故宮'],
    value=['日月潭','故宮'],label='景點',info='曾經去過的觀光景點')
```

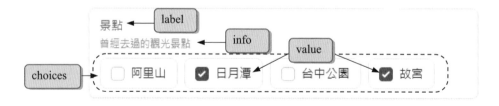

4.3.5 Radio / Dropdown 元件

　　Radio 選項鈕元件可以提供多個選擇項目，提供使用者擇一單選。而 Dropdown 下拉式清單元件會以清單形式提供多個選擇項目。兩者常用的屬性和 CheckboxGroup 物件相似，就不再重複說明。但 Dropdown 元件有 multiselect 屬性，屬性值設為 True 時可以指定為複選。

簡例

```
inputs=gr.Dropdown(choices=['臭豆腐','雞排','肉丸','水煎包'],
         multiselect=True,label='最愛的小吃')
```

```
inputs=gr.Radio(choices=['博碩士','大學專科','高中職','國中'],
         value='大學專科',label='學歷')
```

4.3.6 Image 元件

　　Image 圖像元件使用在輸入介面時，可以供使用者以拖曳或用檔案總管開啟方式指定上傳圖檔，甚至使用攝影機 (webcam) 拍照。Image 圖像元件使用在輸出介面時，則可以顯示圖像。

1. **value**：指定圖像元件的預設值，設定方式可以為 PIL 圖檔、路徑、URL ... 等。例如指定為網路的圖檔：

```
outputs=gr.Image(value='https://www.google.com.tw/images/branding/
googlelogo/1x/googlelogo_color_272x92dp.png'
```

2. **height/width**：指定圖像元件的高度和寬度，單位為像素。

3. **sources**：指定圖像的輸入來源，屬性值為串列，串列元素數量可以為 1~3 個，預設值為 ['upload', 'webcam', 'clipboard']。['upload'] 元素可以讓使用者用拖曳或由檔案總管開啟方式上傳圖檔。['webcam'] 元素可讓使用者從網路攝影機拍攝圖像。['clipboard'] 元素允許使用者從剪貼簿貼上圖像。

4. **type**：指定圖像傳遞到函式時的格式。預設值為 'filepath' 傳遞圖像所在的路徑，可以為本機路徑或網址。屬性值為 'pil' 時，會傳遞 PIL 格式圖像；屬性值若為 'numpy' 時，會傳遞 numpy 串列。

簡例

```
inputs=gr.Image(value='banana.jpg',height=200,width=150)
```

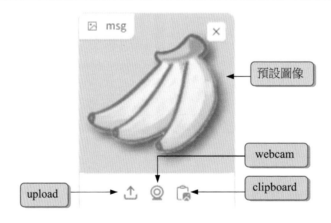

如果想要呈現多張圖像時，可以使用 Gallery 圖庫元件。

簡例

```
outputs = 'gallery'
```

4.3.7 Audio 元件

Audio 音訊元件使用在輸入介面時，可以供使用者以拖曳或用指定檔案方式上傳音訊檔，甚至使用麥克風錄音。Audio 音訊元件使用在輸出介面時，則可以播放音訊檔。

1. **value**：指定音訊元件的預設值，設定方式可以為路徑、URL…等。

2. **sources**：指定音訊來源，屬性值為串列，串列元素數量可以為 1~2 個，預設值為 ['upload', 'microphone']。['upload'] 元素可以讓使用者在其中上傳音訊檔。['microphone'] 元素可讓使用者用麥克風錄製音訊。

簡例

```
inputs = 'audio',
outputs = gr.Audio(value='banana.wav')
```

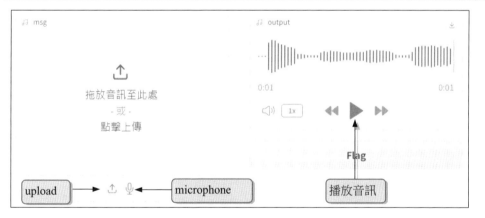

 如果 gradio 元件不需要特別指定屬性值時，使用元件名稱字串例如 'audio'、'video' …等，程式碼會較為簡潔。

4.3.8 Video 元件

　　Video 視訊元件使用在輸入介面時，可供使用者用拖曳或指定檔案方式上傳視訊檔，或是使用攝影機錄製影片。Video 視訊元件使用在輸出介面時，則可以播放視訊檔，影片格式可以為 .mp4、.ogg、.webm。

1. **value**：指定視訊元件的預設值，設定方式可以為路徑、URL…等。

2. **format**：指定視訊元件傳回影片的格式，屬性值有 'avi'、'mp4'、None。使用 'mp4' 可確保於瀏覽器順利播放，預設值為 None 即保持原上傳的格式。

3. **sources**：指定視訊來源，屬性值為串列，串列元素數量可以為 1~2 個，預設值為 ['upload', 'webcam']。['upload'] 元素可以讓使用者以拖曳或檔案總管開啟方式上傳視訊檔。['webcam'] 元素可讓使用者用攝影機錄製影片。

4. **height / width**：指定視訊物件的高度和寬度，單位為像素。

`簡例`

```
inputs = 'video',
outputs = gr.Video(value='AiDraw.mp4')
```

📥 **範例**：

設計一個使用者選擇攝氏或華氏後，輸入溫度 (範圍-100～100) 可以
換算成另一種溫標 (溫度的數值表示法)，如果輸入的溫度高於 30 度
C，就顯示 hot.jpg；否則就顯示 cold.jpg。

華氏溫度 = 9 / 5 * 攝氏溫度 + 32

攝氏溫度 = (攝氏溫度 - 32) * 5 / 9

執行結果

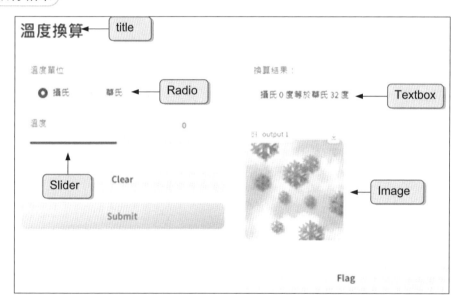

程式碼　FileName : F2C.ipynb

```
1-01 !pip install gradio
1-02 import gradio as gr

2-01 def F2c(c_f,degrees):
2-02   if c_f == '攝氏':
2-03     c = degrees
2-04     f = int(9/5*c+32)
2-05     msg = f'攝氏 {c} 度等於華氏 {f} 度'
2-06   else:
2-07     f = degrees
```

```
2-08      c = int((f-32)*5/9)
2-09      msg = f'華氏 {f} 度等於攝氏 {c} 度'
2-10    if c > 30:
2-11      img='hot.jpg'
2-12    else:
2-13      img='cold.jpg'
2-14    return msg,img
```

```
3-01 gr.Interface(
3-02    fn=F2c,
3-03    inputs=[
3-04      gr.Radio(choices=['攝氏','華氏'],value='攝氏',label='溫度單位'),
3-05      gr.Slider(minimum=-100,maximum=100,value=0,label='溫度')],
3-06    outputs=[
3-07      gr.Textbox(label='換算結果：'),
3-08      gr.Image(value='cold.jpg',height=200,width=200)],
3-09    title='溫度換算',
3-10 ).queue().launch()
```

說明

1. 第 2-01~2-14 行：定義 F2c() 函式來處理 gradio 介面的元件值。

2. 第 2-02~2-09 行：根據 c_f 值，分別計算 c 攝氏、f 華氏溫度和 msg 換算結果。

3. 第 2-10~2-13 行：根據 c 是否大於 30，分別指定不同的圖檔。

4. 第 2-14 行：傳回 msg 和 img。

5. 第 3-03~3-05 行：設定介面的輸入元件。Radio 選項鈕元件有 '攝氏' 和 '華氏' 兩個選項，預設值為 '攝氏'。Slider 滑桿元件的最小值為 -100、最大值為 100，預設值為 0。

6. 第 3-06~3-08 行：設定介面的輸出元件。Textbox 文字方塊元件的標題為 '換算結果：'。Image 圖像元件的預設值為 'cold.jpg'，高度為 200、寬度為 200。

7. 如右圖本範例的兩個圖檔要上傳
到 Colab 筆記本中才能正確執
行。要特別注意當筆記本關閉
後，上傳的圖檔會被移除，下次
執行時必須再重新上傳一次。

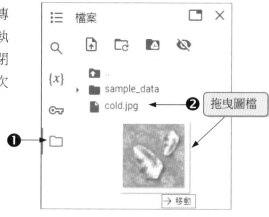

4.4 運用實例

前面介紹使用 Gradio 元件，快速建立互動式網頁的步驟，以及常用的元件。下面將用一個範例說明如何呼叫 OpenAI API 服務，並使用 Gradio 來呈現操作介面。

📥 範例：

設計一個使用者可以輸入問題，然後顯示回答的聊天程式。

執行結果

程式碼 FileName：GradioChat.ipynb

```
1-01 !pip install gradio
1-02 import gradio as gr


2-01 !pip install openai
2-02 import openai


3-01 def Chat(ask):
3-02   openai.api_key = 'OpenAIAPI 金鑰'
3-03   response = openai.chat.completions.create(
3-04       model = 'gpt-3.5-turbo',
3-05       messages = [
3-06           {'role': 'user', 'content': ask}
3-07       ]
3-08   )
3-09   return response.choices[0].message.content


4-01 gr.Interface(
4-02     fn=Chat,
4-03     inputs= gr.Textbox(label='輸入您的問題：'),
4-04     outputs= gr.Textbox(label='AI 的回答：'),
4-05     title='AI 聊天室'
4-06 ).queue().launch(share=True)
```

⟳ 説明

1. 第 1-01~1-02 行：安裝 gradio 套件，並以 gr 別名引用。

2. 第 2-01~2-02 行：安裝 openai 套件並引用。

3. 第 3-01~3-09 行：定義 Chat() 函式來處理 gradio 介面的元件值，其中有 ask 參數是使用者的問題，處理後傳回 OpenAI API 文本生成的回答。

4. 第 3-03~3-08 行：使用 openai.chat.completions.create() 方法呼叫 OpenAI API 的文本生成服務(聊天服務)，model 指定使用的模型，和 messages 指定相關處理訊息。

5. 第 4-01~4-06 行：定義 Interface 物件指定網頁介面，並公開發布部署。

打造 ChatGPT 聊天網頁

在第 3 章我們學習了 OpenAI API 文本成生服務 (聊天服務)，設定相關的參數值之後，會如何影響生成回覆訊息。在第 4 章我們學習了如何設計 Gradio 互動式網頁。本章我們將結合前兩章的學習內容，來打造一個可以提問與回答的 ChatGPT 聊天互動式網頁。

5.1 簡易的 ChatGPT 聊天網頁

在第 4 章最後一個實例中，我們用 Gradio 介面來套用 OpenAI 聊天服務。但那是一個很簡易的聊天網頁，只能做一問一答的工作。雖能問什麼答什麼，但每次的問答卻是獨立，下一次的問答和前一次的問答沒有訊息連繫。因第一次提問回覆後，模型不會將這次的問答訊息存放在記憶體中，如果針對同一個主題再追問其它內容問題時，第二次的回覆訊息會因模型沒有承接之前的記憶，所回答的內容會和前面的回覆內容不連貫。

範例:

設計簡易的 ChatGPT 聊天網頁,先後做兩次針對同一主題的提問,
觀察兩次的回覆內容有無連繫訊息的銜接問題?

執行結果

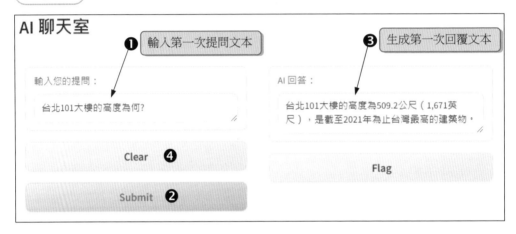

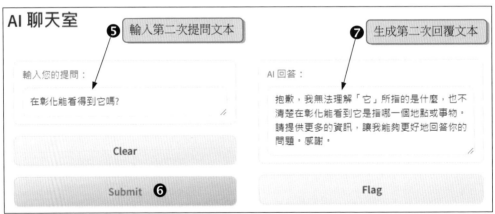

程式碼 FileName : simple.ipynb

```
1-01 !pip install gradio
1-02 import gradio as gr


2-01 !pip install openai
2-02 import openai
```

```
2-03 openai.api_key = 'OpenAIAPI 金鑰'      # 金鑰


3-01 def chat(ask):
3-02   response = openai.chat.completions.create(
3-03       model = 'gpt-3.5-turbo',
3-04       messages = [{'role': 'user', 'content': ask}]
3-05   )
3-06   return response.choices[0].message.content


4-01 gr.Interface(
4-02     fn = chat,
4-03     inputs = gr.Textbox(label='輸入您的問題：'),
4-04     outputs= gr.Textbox(label='AI 的回答：'),
4-05     title = 'AI 聊天室'
4-06 ).queue().launch(share=True)
```

說明

1. 第一次提問的文本內容為 '台北 101 大樓的高度為何?'，第一次回覆文本為 '台北 101 大樓的高度為 509.2 公尺 …'。接著針對相同主題第二次提問 '在彰化看得到它嗎?'，結果第二次所生成的回覆文本卻為 '抱歉，我無法理解「它」所指的是什麼，也不清楚在彰化 …'。

2. 兩次提問的主題都是「101 大樓」，但模型沒有保留問答過程的記憶，致使前後問答沒有脈絡可循，才會造成 OpenAI API 對第二次的提問內容不了解。

5.2　暫存聊天記錄維持聊天連繫訊息

由上一節的範例得知，針對同一個主題使用 OpenAI API 文本生成服務(聊天服務) 時，因每次的問答都是獨立的個體，第二次的回覆訊息沒有承接前面的問答記錄，所回覆的內容會有不連貫的情形。所以要將前面所聊天問答的對話記錄用串列暫存起來，在下次提問時，將即有的串列聊天內容加上即將要提問的內容一起傳給模型，如此模型才能擁有記憶並能生成適當的回覆文句。

💿 範例：

呼叫服務 API 時，在一次的提問和生成回覆後，將此次的問與答的內容用串列存放，然後顯示串列的內容和長度。

程式碼　FileName : dialogue.ipynb

```
1-01 !pip install openai
1-02 import openai
1-03 openai.api_key = 'OpenAIAPI 金鑰'        # 金鑰

2-01 dialogue = []          # 對話記錄串列

3-01 def get_response(dialogue):
3-02    response = openai.chat.completions.create(
3-03        model = 'gpt-3.5-turbo',
3-04        messages = dialogue
3-05    )
3-06    return response.choices[0].message.content   # 傳出生成回覆文本

4-01 def chat(ask):
4-02    global dialogue          # 宣告 dialogue 屬於全域變數
4-03    dialogue.append({'role':'user','content':ask})   # 存放提問資料
4-04    reply = get_response(dialogue)   #傳入提問資料呼叫函式生成回覆資料
4-05    dialogue.append({'role':'assistant','content':reply})
                                          # 存放回覆資料
4-06    return reply          # 傳出回覆文本

5-01 ans = chat('台北 101 大樓的高度為何?')
5-02 print(f'AI 回覆 : {answer}')
5-03 print(f'串列內容 : {dialogue}')
```

```
5-04 print(f'串列長度 : {len(dialogue)}')
```

⮕　AI 回覆 : 台北 101 大樓的高度為 509.2 公尺。
　　串列內容 : [{'role': 'user', 'content': '台北 101 大樓的高度為何?'},
　　{'role': 'assistant', 'content': '台北 101 大樓的高度為 509.2 公尺。'}]
　　串列長度 : **2**

```
6-01 dialogue = []                    # 移除串列所有元素內容
```

ℚ 説明

1. 第 2-01：定義 dialogue 串列，用來存放提問與生成回覆的對話記錄。

2. 第 3-01~3-06 行：是對當下提問所生成回覆文本的 get_response 函式，提供給第 4-04 行敘述呼叫。

　第 3-01 行所傳入的參數 dialogue 是串列，串列內容來自第 4-03 行的提問資料 (ask 變數值)，其中的 ask 變數值又來自第 5-01 行的 '台北 101 大樓的高度為何?'。

　而第 3-06 行則是將生成回覆訊息的文本傳出，所傳出的回覆文本指定給第 4-04 行的 reply 變數。

3. 第 4-01~4-06 行：是處理提問資料及回覆資料的存放函式 chat()，提供給第 5-01 行敘述呼叫。

　第 4-02 行使用 global 來宣告 chat() 函式內的 dialogue 變數屬於全域變數，該 dialogue 變數的影響範圍不只在該 chat() 函式內，而是整個程式。

　第 4-03 行新增一個字典型別的資料給 dialogue 串列，該資料為 {'role':'user','content':'台北 101 大樓的高度為何?'}，其中 'role':'user' 是要告訴模型這個資料是 user (使用者) 所提問的資料。

　在第 4-04 行呼叫第 3-01 行 get_response(dialogue) 函式所傳入的參數，即為該 dialogue 串列 (目前串列內只有 1 筆字典型別資料)，呼叫函式後，傳回的生成回覆文本 '台北 101 大樓的高度為 509.2 公尺。' 指定給 reply 變數。

　第 4-05 行再新增一個字典型別的資料給 dialogue 串列，該字典型別資料為 {'role':'assistant','content':'台北 101 大樓的高度為 509.2 公尺。'}，其中

'role':'assistant' 是要告訴模型這個資料是 AI 助理所回覆的資料，現在 dialogue 串列內已存放有 2 筆字典型別資料。

第 4-06 行將第 4-04 行的 reply 變數值傳出給第 5-01 行的 ans 變數。

4. 第 5-01~5-04 行：是檢視前面程式操作的結果。

　　第 5-02 行：顯示此次提問時所生成回覆的文本內容。

　　第 5-03 行：顯示 dialogue 串列內的所存放的字典資料。

　　第 5-04 行：顯示 dialogue 串列的元素筆數為 2。即一組提問和回覆資料 占 dialogue 串列兩筆元素。

5. 第 6-01 行：在結束本程式之時或重複執行第 5-01~5-04 行之前，執行本 敘述可以移除 dialogue 串列的所有元素資料，清空所占記憶體。

　　若第 5-01~5-05 行再重複執行一次之前，如果沒有先執行第 6-01 行，則 dialogue 串列會再新增 2 筆字典資料，此時會共存放有 4 筆元素 (兩組提問和回覆記錄)。把每一次的提問及回覆的內容用串列都存放起 來，再傳給模型，這樣模型是可以有更完善的記憶。但相對的，繼續往 下問答時所使用的 token 數量就會越來越大。所以在設計程式時，可以 設定只保留最近的兩組或三組問答記錄，而把前面存放在串列中的歷史 對話記錄移除掉。程式碼設計如下：

```
saveTalk = 2            # 保留最後 2 組提問和回覆記錄
    :
while len(dialogue) > saveTalk * 2: # 當提問和回覆記錄超過 2 組時
    dialogue.pop(0)               # 把前面的串列元素移除掉
```

📥 **範例：**

設計能維持聊天脈絡的 ChatGPT 聊天網頁，先後做兩次針對同一主 題的提問，觀察兩次的回覆內容有無連繫訊息銜接？

執行結果

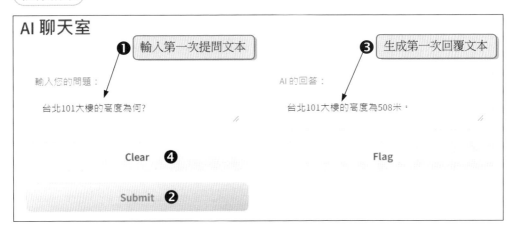

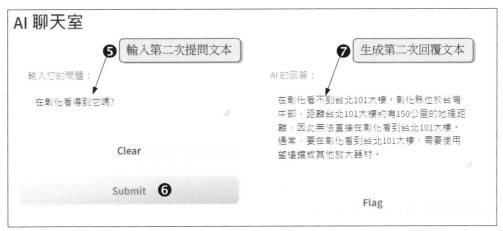

程式碼　FileName : context.ipynb

```
1-01 !pip install gradio
1-02 import gradio as gr

2-01 !pip install openai
2-02 import openai
2-03 openai.api_key = 'OpenAIAPI 金鑰'     # 金鑰

3-01 dialogue = []       # 對話記錄串列
3-02 def get_response(dialogue):
3-03   response = openai.chat.completions.create(
```

```
3-04        model = 'gpt-3.5-turbo',
3-05        messages = dialogue
3-06    )
3-07    return response.choices[0].message.content    # 傳出生成回覆文本
```

```
4-01  saveTalk = 2                # 保留最後 2 組提問和回覆記錄
4-02  def chat(ask):
4-03    global dialogue                    # 宣告 dialogue 屬於全域變數
4-04    dialogue.append({'role':'user','content':ask})    # 存放提問資料
4-05    reply = get_response(dialogue)    #傳入提問資料呼叫函式生成回覆資料
4-06    dialogue.append({'role':'assistant','content':reply})
                                            # 存放回覆資料
4-07    while len(dialogue) > saveTalk * 2:   #當提問和回覆記錄超過 2 組時
4-08      dialogue.pop(0)                      # 把前面的串列元素移除掉
4-09    return reply                         # 傳出回覆文本
```

```
5-01  gr.Interface(
5-02      fn = chat,
5-03      inputs = gr.Textbox(label='輸入您的問題：'),
5-04      outputs= gr.Textbox(label='AI 的回答：'),
5-05      title = 'AI 聊天室'
5-06  ).queue().launch(share=True)
```

```
6-01  dialogue = []                # 移除串列所有元素內容
```

説明

1. 針對 '101 大樓' 為主題的第二次提問 '在彰化看得到它嗎?'，結果第二次
   的回覆文本已能依循前一次的提問和答覆的連繫訊息正常生成。

2. 本範例為保留兩次的提問和答覆的連繫訊息，增列了第 4-01 行和第 4-
   07, 4-08 行敘述。

5.3　可迭代物件與生成器

「可迭代物件」(iterable object) 是指具有可迭代性質的 Python 物件，可迭代對象包括串列、元組、字典、集合、range()。所謂「迭代」是對一特定步驟的重複執行，可用來實踐一種特定形式且具有可變狀態的重複。在程式中它允許你使用變數來「迭代」 (iterate 又可稱為「遍歷」或「造訪」) 可迭代物件中的元素，如果一個物件可以被迭代，那麼你可以使用 for 迴圈來迭代其內容。如下簡例所示：

程式碼 FileName：iterable.ipynb

```
01 my_list = [10, 22, 35, 48]        # 建立 my_list 數值串列
02 for num in my_list:              # my_list 是可迭代物件, num 是變數
03    print(num)
      10
      22
      35
      48
```

說明

1. 第 01 行：建立 my_list 數值串列。

2. 第 02 行：my_list 串列是可迭代物件，num 變數是用來迭代 (遍歷) 可迭代物件 my_list 內的元素。本程式會迭代 4 次，第一次迭代時 num 變數值為 10，第二次迭代時 num 值為 22，第三次迭代時 num 值為 35，第四次迭代時 num 值為 48，也就說可以逐一讀取串列的元素值。

可迭代物件可以使用內建函式 iter() 將其轉換為「迭代器」(iterator)，如果將 iter(可迭代物件) 指定給一個變數時，則該變數就是一個迭代器，迭代器物件也可以使用 for 迴圈來迭代其內容。但與可迭代物件不同的是，迭代器物件可以使用內建函式 next() 來取得迭代器內下一個元素的值，當迭代器沒有更多值可供傳回時，會引發 StopIteration 錯誤。如下範例：

程式碼 FileName : iterator.ipynb

```
01 animal = ['忠狗','花貓','長頸鹿','老虎','獅子']    # 建立 animal 字串串列
02 my_iter = iter(animal)                          # my_iter 為迭代器
03 print(next(my_iter))                            # 第一次迭代傳出'忠狗'字串
04 print(next(my_iter))                            # 第二次迭代傳出'花貓'字串
05 print(next(my_iter))                            # 第三次迭代傳出'長頸鹿'字串
```
⤷　　忠狗
　　　花貓
　　　長頸鹿

　　「生成器」(generator) 是一種特殊的「迭代器」，它是一種在自定函式中，使用 yield 關鍵字依序分批傳出一系列的生成值，不像 return 是一次性傳出所生成的值。使用生成器可以節省記憶體，因為是在需要時才生成值，而不是一次性將所有值存放在記憶體中。

程式碼 FileName : generator_1.ipynb

```
1-01 def myGenerator():
1-02    yield 'Mary'                    # 第一批傳回值為字串 'Mary' 字串
1-03    yield 200                       # 第二批傳回值為數值 200
1-04    yield [11,22,33,44]             # 第三批傳回值為串列 [11,22,33,44]
1-05    yield {'role':'user','content':'介紹台北 101 大樓'}
                                        # 第四批傳回值為字典


2-01 for gen in myGenerator():          # myGenerator()是生成器物件
2-02    print(gen)
```
⤷　　Mary
　　　200
　　　[11, 22, 33, 44]
　　　{'role': 'user', 'content': '介紹台北 101 大樓'}

說明

1. 第 1-01~1-05 行：是一個具有生成器的 myGenerator() 函式，該函式要傳出傳回值時，不是使用 return，而是使用 yield。在此，yield 分成 4 批傳出不同資料。

2. 第 2-01 行：呼叫 myGenerator() 生成器函式，該函式所分批傳回的值，皆為生成器物件的元素。用 for 迴圈和變數 gen 來迭代生成器物件的所有元素。

在生成器函式中，也可以使用 yield 關鍵字以迭代的方式，對一特定步驟的重複執行，逐一傳出分批的生成值。

程式碼 FileName : generator_2.ipynb

```
1-01 def generator():
1-02    sentence = ['有','什麼','是','我','可以','做','的','事']
1-03    for onebyone in sentence:
1-04        yield onebyone

2-01 for gen in generator():       # generator()是生成器物件
2-02    print(gen)
```

有
什麼
是
我
可以
做
的
事

說明

1. 第 1-01~1-04 行：是一個具有生成器的 generator() 函式，該函式要傳出傳回值時，是使用 yield 以迭代的方式，前後分成 8 批傳出文句。

2. 第 2-01~2-02 行：若要將變數 gen 逐一迭代生成的文句，輸出時顯示在同一行，則程式修改如下：

```
2-01 for gen in generator():
2-02    print(gen, end='')        # 輸出時使用空字串連接前後片段文句
```

有什麼是我可以做的事

5.4 使用生成器的流式傳輸聊天

　　3.7 節介紹呼叫 OpenAI API 文本生成服務時，若設定 **stream = True**，API 會傳回一個容器，它是一種可迭代物件。在上一節已用較清楚的概念介紹可迭代物件、迭代器、生成器。現在我們將第 3.7 節的範例重新設計，在使用變數 chunk 迭代 response (可迭代物件) 中的元素時，使用 yield 來建立片段文本的生成器函式，該函式再透過其它敘述來呼叫生成器，依序取得生成器元素值 (片段文本)。

 範例：

呼叫服務 API 時，使用生成器依序取出每一個片段文本，以流式傳輸的方式輸出。

程式碼 FileName : stream_reply.ipynb

```
1-01 !pip install openai
1-02 import openai
1-03 openai.api_key = 'OpenAIAPI 金鑰'        # 金鑰

2-01 dialogue = []              # 對話記錄串列
2-02 def get_response(dialogue):
2-03   response = openai.chat.completions.create(
2-04       model = 'gpt-3.5-turbo',
2-05       messages = dialogue,
2-06       stream = True                # 設定流式傳輸生成回覆
2-07   )
2-08   for chunk in response:           # response 為可迭代物件
2-09     if chunk.choices[0].delta.content is not None:
                                        # 迭代元素時, 防止 None 文本
2-10       yield chunk.choices[0].delta.content     # 傳出生成回覆文本

3-01 ask = '花蓮有哪些旅遊景點?'
3-02 dialogue.append({'role':'user','content':ask})   # 存放提問資料
```

```
3-03 for answer in get_response(dialogue):      # 傳入提問呼叫函式生成回覆
3-04    print(answer, end = '')                  # 逐一顯示片段回覆文本
3-05 print('\n')
```

... 　花蓮縣位於台灣東部，擁有許多美麗的旅遊景點，以下是其中一些值得一遊的地方：
　　1. 太魯閣國家公園：是台灣最著名的國家公園之一，以峽谷、峰巒和瀑布聞名，有
　　　 許多登山步道供遊客探索。
　　2. 清水斷崖：是花蓮的地標之一，擁有壯麗的 ◀── 　生成回覆還在進行中...

┌──────────────────────────────┐
│ 程式執行進行中，一邊輸出回覆文本 │
└──────────────────────────────┘

說明

1. 第 2-02~2-10 行：因在第 2-10 行使用 yield 關鍵字，逐一傳出所生成的片段回覆文本，所以第 2-02 行的 get_response() 函式為生成器函式。

2. 第 3-03 行：呼叫 get_response() 生成器函式取得生成器，再由 answer 變數來佚代生成器物件，依序取出生成回覆的片段文本。

3. 第 3-04 行：逐一顯示片段回覆文本，在接續前後片段文本時使用空字串連接，以便顯示在同一行。

5.5　流式傳輸的 ChatGPT 聊天網頁

　　在前面的章節學習如何用 Gradio 介面來套用 OpenAI API 文本生成 (聊天服務)，也學習用暫存聊天記錄來維持聊天連繫訊息，再加上前一節學習使用生成器的流式傳輸，可以使程式一邊執行中一邊可以輸出片段回覆文本。現在我們來結合這三種學習內容，來設計流式傳輸的 ChatGPT 聊天網頁，讓使用者介面更加流暢。

範例：

設計能維持聊天連繫訊息，且以流式傳輸的 ChatGPT 聊天網頁。

執行結果

在 ChatGPT 聊天網頁勾取「**流式傳輸**」核取方塊，輸入提問資料送出後，希望 AI 的回答能以流式傳輸的方式顯示回覆文本。結果在輸出的文字方塊內，發現每次傳來的片段文句，只在文字方塊最前端原地輪番閃爍出現。

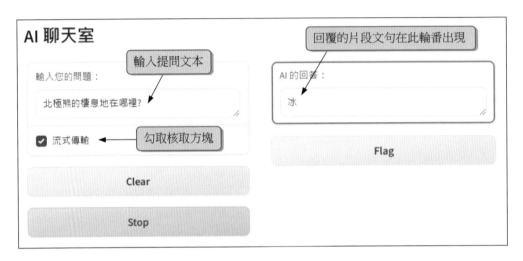

程式碼　FileName : stream_gr.ipynb

```
1-01 !pip install gradio
1-02 import gradio as gr


2-01 !pip install openai
2-02 import openai
2-03 openai.api_key = 'OpenAIAPI 金鑰'        # 金鑰


3-01 dialogue = []        # 對話記錄串列
3-02 def get_response(dialogue, streamTF=False):
3-03   response = openai.chat.completions.create(
3-04       model = 'gpt-3.5-turbo',
3-05       messages = dialogue,
3-06       stream = streamTF                        # 設定流式傳輸生成回覆
3-07   )
3-08   if streamTF:
```

```
3-09        for chunk in response:              # response 為可迭代物件
3-10          if chunk.choices[0].delta.content is not None:
3-11            yield chunk.choices[0].delta.content   # 傳出片段回覆文本
3-12        else:
3-13          yield response.choices[0].message.content  # 傳出所有回覆文本


4-01 saveTalk = 2           # 保留最後 2 組提問和回覆記錄
4-02 def chat(ask, streamTF):
4-03    global dialogue            # 宣告 dialogue 屬於全域變數
4-04    dialogue.append({'role':'user','content':ask})  # 存放提問資料
4-05    ans_all = ''
4-06    for answer in get_response(dialogue, streamTF):
                                  # 呼叫函式生成片段文本
4-07      ans_all += answer
4-08      yield answer
4-09
4-10    dialogue.append({'role':'assistant','content':ans_all})
                                  # 新增元素
4-11    while len(dialogue) > saveTalk * 2:  # 當提問和回覆超過 2 組時
4-12      dialogue.pop(0)                    # 把前面的串列元素移除掉


5-01 txtAsk = gr.Textbox(label='輸入您的問題：')
5-02 chkStream = gr.Checkbox(label='流式傳輸', value=False)
5-03 gr.Interface(
5-04    fn = chat,
5-05    inputs = [txtAsk, chkStream],
5-06    outputs = gr.Textbox(label='AI 的回答：'),
5-07    title = 'AI 聊天室'
5-08 ).queue().launch(share=True)


6-01 dialogue = []            # 移除串列所有元素內容
```

♀ 説明

1. 第 5-05 行：在提問網頁，除了原來的文字方塊 txtAsk (在第 5-01 行定義) 外，還增加了「流式傳輸」核取方塊 chkStream (在第 5-02 行定義)。所以在第 5-04 行呼叫第 4-02 行的 chat() 函式時，會傳出兩個參數。兩個參數的資料型別，第一個是字串，第二個是布林值。

2. 第 4-02 行的 chat(ask, streamTF) 函式被呼叫時，所傳入的第二個參數 streamTF 是布林型別。streamTF 參數值 (True 或 Flase) 取決於「流式傳輸」核取方塊 chkStream 是否有被勾取。這個 streamTF 參數值在第 4-06 行呼叫第 3-02 行的 get_response() 函式時傳出，

3. 第 3-02 行的 get_response(dialogue, streamTF=False) 函式被呼叫時，所傳入的第二個參數 streamTF (預設值是 False)，但「流式傳輸」核取方塊若有勾取，則這個參數值會是 True，這個參數值會決定第 3-06 行 stream 的參數值。若為 stream = True，API 會以流式傳輸的方式循序生成回覆訊息。

4. 如果第 3-02 行函式被呼叫時 streamTF = True，則生成回覆文本會執行第 3-08~3-11 行的敘述分批傳出片段文本。如果是 streamTF = False，則生成回覆文本會執行第 3-13 行的敘述一次傳出所有的文本。

5. 接著程式的流程回到第 4-06 行，呼叫 get_response() 函式的傳回值會指定給變數 answer。再藉由第 4-08 行的 yield 將 answer 變數值，逐一傳出 (streamTF = True 時) 或 一次傳出 (streamTF = False 時)。

6. 最後程式的流程到第 5-06 行由文字方塊輸出資料。若是逐一傳回片段文句，則文字方塊呈現新的文句時，會先清空舊資料再顯示新文句，所以每次傳來的片段文句，只能文字方塊最前端輪番閃爍出現。

上面的範例執行結果告訴我們，這不是完善的流式傳輸 ChatGPT 聊天網頁。那要是什麼樣的結果才是完善的呢？假設一個聊天回覆完整文本為 '有什麼是我可以做的事'，則由文字方塊輸出時，應該如何才是完善的？依下圖所示，左邊圖是不完善輸出，右邊圖是完善輸出。

	不完善輸出	完善輸出
第一次迭代	有	有
第二次迭代	什麼	有什麼
第三次迭代	是	有什麼是
第四次迭代	我	有什麼是我
第五次迭代	可以	有什麼是我可以
第六次迭代	做	有什麼是我可以做
第七次迭代	的	有什麼是我可以做的
第八次迭代	事	有什麼是我可以做的事

　　由於 outputs = gr.Textbox(label='AI 的回答：') 文字方塊呈現新的文句時，會先清空舊資料再顯示新文句。所以在呼叫 chat() 函式前，先呼叫一個能將逐一傳回的片段文句，逐一累加起來再傳出的函式，假設這個函式為 gather_chat()。再傳由 gr.Textbox() 輸出時，新文句便是累加的文句。

📥 **範例：**

承上範例，增加設計 gather_chat() 函式，使流式傳輸的 ChatGPT 聊天網頁，在輸出回覆文句時能完善呈現。

執行結果

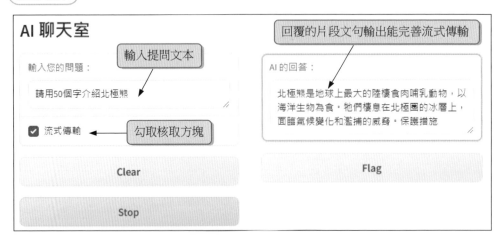

程式碼　FileName : gather.ipynb

```
1-01 !pip install gradio
1-02 import gradio as gr

2-01 !pip install openai
2-02 import openai
2-03 openai.api_key = 'OpenAIAPI 金鑰'        # 金鑰

3-01 dialogue = []        # 對話記錄串列
3-02 def get_response(dialogue, streamTF=False):
3-03   response = openai.chat.completions.create(
3-04       model = 'gpt-3.5-turbo',
3-05       messages = dialogue,
3-06       stream = streamTF                     # 設定流式傳輸生成回覆
3-07   )
3-08   if streamTF:
3-09     for chunk in response:                  # response 為可迭代物件
3-10       if chunk.choices[0].delta.content is not None:
3-11         yield chunk.choices[0].delta.content  # 傳出片段回覆文本
3-12   else:
3-13     yield response.choices[0].message.content # 傳出所有回覆文本
```

```
4-01 saveTalk = 2          # 保留最後 2 組提問和回覆記錄
4-02 def chat(ask, streamTF):
4-03    global dialogue              # 宣告 dialogue 屬於全域變數
4-04    dialogue.append({'role':'user','content':ask})   # 存放提問資料
4-05    ans_all = ''
4-06    for answer in get_response(dialogue, streamTF):
                                    # 呼叫函式生成片段文本
4-07      ans_all += answer
4-08      yield answer
4-09
4-10    dialogue.append({'role':'assistant','content':ans_all})
                                                    # 新增元素
4-11    while len(dialogue) > saveTalk * 2:  #當提問和回覆記錄超過 2 組時
4-12      dialogue.pop(0)                      # 把前面的串列元素移除掉


5-01 def gather_chat(ask, streamTF):
5-02    sentence = ''
5-03    for ans in chat(ask, streamTF):
5-04      sentence += ans                # 累加片段文句
5-05      yield sentence


6-01 txtAsk = gr.Textbox(label='輸入您的問題：')
6-02 chkStream = gr.Checkbox(label='流式傳輸', value=False)
6-03 gr.Interface(
6-04    fn = gather_chat,
6-05    inputs = [txtAsk, chkStream],
6-06    outputs = gr.Textbox(label='AI 的回答：'),
6-07    title = 'AI 聊天室'
6-08 ).queue().launch(share=True)


7-01 dialogue = []          # 移除串列所有元素內容
```

○ 說明

1. 第 6-04 行呼叫的函式，改為 gather_chat() 函式。

2. 第 5-01~5-05 行為增加的 gather_chat() 函式。接受第 6-04 行的呼叫,並在第 5-03 行呼叫 chat(ask, streamTF) 函式。

3. 第 5-03 行的 ans 變數,在迭代 chat(ask, streamTF) 函式傳回的片段文句時,再交由 sentence 變數累加前面的文句,再傳出給第 6-06 行的 gr.Textbox() 輸出。

整合搜尋 -
無礙於時空限制

6.1 聊天資料的時空限制

OpenAI 開發文本生成模型時，使用大量的文本數據進行無監督的預訓練。這些文本數據包括維基百科、網頁文本、小說…等不同主題和形式的資料。其語言模型在訓練過程中，使用了增強學習來提高模型效能，並透過人類教練的回饋不斷改進產出的回答。

但 gpt-3.5 語言模型在訓練時，所輸入的參用資料只到 2021 年 9 月；而 gpt-4 語言模型所輸入的參用資料也只到 2023 年 4 月。因此在該時間點之後所發生的事情，對 ChatGPT 來講都算是未來的事蹟。當與 ChatGPT 聊天時，若提問 ChatGPT 預訓練最後餵入資料之後所發生的人、事、物，則 ChatGPT 的回覆可能會是缺乏事實依據的內容，或直接答覆你「我無法預測未來」。

現代社會網路發達，無論遠近的時間或空間，所發生的人、事、物，皆可用網路搜尋的方式找到資料。我們不是直接與 ChatGPT 交談，而是寫程式使用 OpenAI API 呼叫文本生成服務 (聊天服務)。所以我們在設計程式時，可以使用網路搜尋的相關技術，將整合搜尋的資料成為 AI 的知識來源，進而使 OpenAI 的 gpt 語言模型在回答提問時，無礙於時間和空間的限制，而能針對提問正確回覆所需求的訊息。

⬇ 範例：

使用簡易的 ChatGPT 聊天網頁，提問最近發生的事情，如：「2024 年台灣選舉, 誰當選總統?」，觀察 AI 所回覆的訊息。

執行結果

程式碼 FileName : limit.ipynb

```
1-01 !pip install gradio
1-02 import gradio as gr

2-01 !pip install openai
2-02 import openai
2-03 openai.api_key = 'OpenAIAPI 金鑰'      # 金鑰

3-01 def chat(query):
3-02    response = openai.chat.completions.create(
3-03        model = 'gpt-3.5-turbo',
3-04        messages = [{'role': 'user', 'content': query}]
```

```
3-05    )
3-06    return response.choices[0].message.content

4-01 gr.Interface(
4-02    fn = chat,
4-03    inputs = gr.Textbox(label='輸入您的問題：'),
4-04    outputs = gr.Textbox(label='AI 的回答：'),
4-05    title = 'AI 聊天室'
4-06 ).queue().launch(share=True)
```

◯ 説明

1. gpt-3.5 語言模型訓練時所輸入的參用資料只到 2021 年 9 月，故本例所提問的內容是 gpt-3.5 語言模型訓練以後所發生的事情，所以 AI 生成回覆的內容為「根據目前的情勢和資訊無法預測到 2024 年台灣總統選舉結果…」。

6.2 使用 Google 搜尋增長 AI 知識

現在我們要找資料，絕大部分都是使用 Google 搜尋平台。所以對於開發人員和研究人員來說，透過程式設計方式來執行 Google 搜索是非常有用的。本章我們會透過 Python 程式來自動搜出想要的資訊，其中會用網頁爬蟲的方式來取得 Google 搜尋的內容。

在 Python 程式中可以使用 googlesearch-python 套件來執行 Google 搜尋。首先我們需要安裝這個套件，接著匯入 googlesearch 模組的 search 函式，如下：(程式碼：search.ipynb)

```
01 !pip install googlesearch-python
02 from googlesearch import search
```

用 search() 函式在預設的情況下，一次可以從網路取獲取 10 個連結。如下簡例，我們將搜索查詢指定為「2024 年台灣選舉, 誰當選總統?」，使用 search() 函數執行了一個 Google 搜索，然後用迭代的方式取得這些網頁連結，並將搜尋結果逐一輸出。

```
01 query = '2024 年 台灣選舉, 誰當選總統?'
02 for item in search(query):
03     print(item)
```

➡ https://www.bbc.com/zhongwen/trad/chinese-news-67971619
https://www.cw.com.tw/article/5127925
https://www.twreporter.org/a/2024-election-results-chart
　　:
　　:
https://www.bbc.com/zhongwen/simp/chinese-news-67971619
https://topic.ctee.com.tw/2024vote

使用 search() 函數執行 Google 搜索時，傳入的參數除了詢問文本 (query) 為必要參數外，另外還三個選填參數 num_results、lang、advanced。

1. num_results：指定要搜尋的連結數量，預設值為 10。

2. lang：指定語系代碼，例如 'zh-Hant-TW' 和 'zh-TW' 為中文-台灣。

3. advanced：預設值為 False，若設為 True 則為高級模式。

若設為高級模式，則所搜尋的結果不只是網頁連結，而是實體物件。若是使用變數 item 迭代 search() 函數的傳回值，則 item 會是一個物件，而每一次迭代的 item 物件皆擁有 title (標題)、description (描述)、url (連結) 等三個屬性。

📥 **範例：**

使用高級模式的 search() 函數來進行 Google 搜索。

程式碼 FileName : advanced.ipynb
```
1-01 !pip install googlesearch-python
1-02 from googlesearch import search
```

```
2-01 query = '2024 年 台灣選舉，誰當選總統?'
2-02 for item in search(query, num_results=4, advanced=True,
                        lang='zh-TW'):
2-03   print(f'標題：{item.title}')
2-04   print(f'描述：{item.description}')
2-05   print(f'連結：{item.url}')
2-06   print()
```

📥 標題：第 16 屆中華民國總統選舉
　　描述：賴清德在選舉內得取四成票數，侯友宜獲得三成，柯文哲攫兩成。賴清德總統
　　　　　選舉獲得勝利，將預計會喺 2024 年 5 月 20 號宣誓就職。 中華民國第 16 任
　　　　　總統、副總統 ...
　　連結：https://zhyue.wikipedia.org/wiki/%E7%AAC16...%E9%81%%89

　　標題：2024 年中華民國總統選舉 - 維基百科
　　描述：本次是繼 2000 年總統選舉後再度未有任一候選人得票率過半的總統選舉，亦
　　　　　是自總統直選以來，首度由同一政黨連續三次贏得總統選舉。然而，維持執政
　　　　　地位的民進黨在同日舉行的 ...
　　連結：https://zh.wikipedia.org/zh-hant/2024%E5%B9...%E8%88%89

　　標題：台灣大選 2024：賴清德當選總統民進黨未能控制立法院
　　描述：2024 年 1 月 13 日 － 1 月 13 日，台灣舉行 2024 年總統選舉與立法委員選
　　　　　舉，執政黨民進黨候選人賴清德以超過 558 萬票勝選。
　　連結：https://www.bbc.com/zhongwen/trad/chinese-news-67971619

　　標題：2024 總統大選》破連任魔咒！賴清德、蕭美琴當選第 16 任正副 ...
　　描述：2024 總統大選登場，藍綠白三組候選人讓選情幾度膠著，最終由民進黨賴清
　　　　　德、蕭美琴打敗民眾黨柯文哲、吳欣盈，及國民黨侯友宜、趙少康，成為第 16
　　　　　任總統、副總統。
　　連結：https://www.cw.com.tw/article/5127925

🔄 説明

1. 第 2-02 行：使用 search() 函數時，設定 advanced=True，故可進行高級
   模式的 Google 搜索。設定 num_results=4，故會有 4 筆搜尋結果。

2. 第 2-03~2-05 行：每一次所迭代的 item 物件，皆能輸出 item.title (標
   題)、item.description (描述)、item.url (連結) 三個屬性內容。

6.3 結合 Google 搜索生成聊天回覆

執行聊天服務時，先使用高級模式 Google 搜索提問資料，將迭代 search() 函數的 title (標題) 和 description (描述) 傳回值，製作成搜尋的字串訊息。本章在呼叫 openai.chat.completions.create() 方法生成回覆訊息時，我們指定 'role':'system' (系統) 角色來做為提供網路搜尋文本的助手，而 'role': 'user' (使用者) 仍做為進行提問的角色。

範例：

使用簡易的 ChatGPT 聊天網頁，將 Google 搜索的訊息與提問字串結合，再呼叫聊天服務，觀察 AI 所回覆的訊息。

執行結果

程式碼 FileName : google.ipynb

```
1-01 !pip install gradio
1-02 import gradio as gr

2-01 !pip install openai
2-02 import openai
2-03 openai.api_key = 'OpenAIAPI 金鑰'     # 金鑰
```

```
3-01 !pip install googlesearch-python
3-02 from googlesearch import search

4-01 def get_webRes(query):
4-02    googleAns = '以下是 google 搜尋的結果:\n'
4-03    for item in search(query, num_results=4, advanced=True):
4-04        googleAns += f'標題:{item.title}\n'
4-05        googleAns += f'描述:{item.description}\n\n'
4-06    return googleAns

5-01 def chat(query):
5-02    sysMsg = get_webRes(query)        # 網路搜尋內容
5-03    response = openai.chat.completions.create(
5-04        model = 'gpt-3.5-turbo',
5-05        messages = [
5-06            {'role':'system', 'content':f'請依"{sysMsg}"提示使用繁體中
文回覆。'},
5-07            {'role': 'user', 'content': query}
5-08        ]
5-09    )
5-10    return response.choices[0].message.content

6-01 gr.Interface(
6-02    fn = chat,
6-03    inputs = gr.Textbox(label='輸入您的問題:'),
6-04    outputs = gr.Textbox(label='AI 的回答:'),
6-05    title = 'AI 聊天室'
6-06 ).queue().launch(share=True)
```

↻ 説明

1. 第 3-01~3-02 行:安裝 googlesearch-python 套件,匯入 search 函式。

2. 第 4-01~4-06 行:為自定的 get_webRes() 函式。

3. 第 4-01 行:所傳入的 query 參數為來自第 5-01 行的提問字串。

4. 第 4-02~4-06 行：結合 google 搜尋的資訊字串，用 googleAns 變數傳出。其結合的搜尋字串結構如下：

> 以下是 google 搜尋的結果：
> 標題：第 16 屆中華民國總統選舉
> 描述：賴清德在選舉內得取四成票數，侯友宜獲得三成，柯文哲攫兩成。賴清德總統選舉獲得勝利，將預計會在 2024 年 5 月 20 號宣誓就職。中華民國第 16 任總統、副總統 …
>
> 標題：2024 年中華民國總統選舉 – 維基百科
> 描述：本次是繼 2000 年總統選舉後再度未有任一候選人得票率過半的總統選舉，亦是自總統直選以來，首度由同一政黨連續三次贏得總統選舉。然而，維持執政地位的民進黨在同日舉行的 …
>
>   ：
>   ：

5. 第 5-01 行：query 為提問字串，是 gradio 輸入介面使用者的提問。

6. 第 5-02 行：使用 query 提問字串呼叫第 4-01 行的 get_webRes() 函式，取得結合的搜尋資訊字串指定給 sysMsg 變數。

7. 第 5-06 行：將 'role':'system' (系統) 角色設為被諮詢者專責網路搜尋的工作。而被諮詢的資訊來自 sysMsg 變數內容。

8. 第 5-07 行： 'role':'user' (使用者) 仍做為提問的角色，其提問的文本內容來自 query 字串。

6.4　結合 Google 搜索的完整聊天網頁

　　完整的聊天網頁，能暫存聊天記錄維持聊天連繫訊息，能在生成回覆文本時採用流式傳輸的方式，更能結合 Google 搜尋的功能。然而所結合 Google 搜尋所產生的字串會併入提問的文本中，這樣做法很耗費 token 數量。所以在聊天網頁程式中，把「google 搜尋」設計成一個可

以勾取的選項 (核取方塊)。一般的 ChatGPT 聊天不需要網頁搜尋時，就不用勾取該選項功能；若 ChatGPT 的回覆的內容是「缺乏事實依據的內容」或「我無法預測未來」…等相關語句時，再勾選「google 搜尋」選項功能，然後再提問一次。

📥 範例：

設計具有維持聊天連繫訊息、流式傳輸的回覆方式、google 搜尋等功能完整的聊天網頁。

執行結果

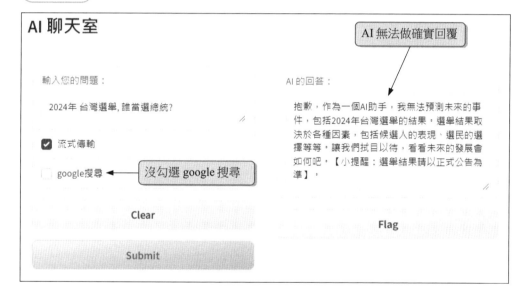

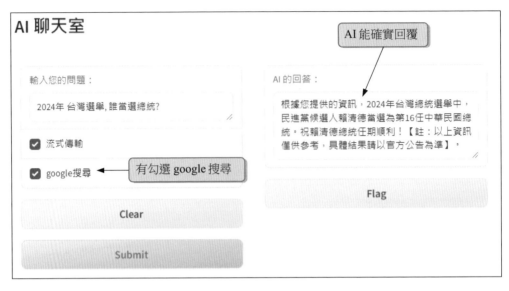

程式碼 FileName : googleSearch.ipynb

```
1-01 !pip install openai
1-02 import openai
1-03 openai.api_key = 'OpenAIAPI 金鑰'     # 金鑰


2-01 !pip install gradio
2-02 import gradio as gr


3-01 !pip install googlesearch-python
```

```
3-02 from googlesearch import search

4-01 dialogue = []        # 對話記錄串列
4-02 def get_response(dialogue, streamTF=False):
4-03   response = openai.chat.completions.create(
4-04       model = 'gpt-3.5-turbo',
4-05       messages = dialogue,
4-06       stream = streamTF                    # 設定流式傳輸生成回覆
4-07   )
4-08   if streamTF:
4-09     for chunk in response:                 # response 為可迭代物件
4-10       if chunk.choices[0].delta.content is not None:
4-11         yield chunk.choices[0].delta.content   # 傳出片段回覆文本
4-12   else:
4-13     yield response.choices[0].message.content # 傳出所有回覆文本

5-01 def get_webRes(query):
5-02   googleAns = '以下是 google 搜尋的結果:\n'
5-03   for item in search(query, num_results=4, advanced=True):
5-04     googleAns += f'標題:{item.title}\n'
5-05     googleAns += f'描述:{item.description}\n\n'
5-06   return googleAns

6-01 saveTalk = 2         # 保留最後 2 組提問和回覆記錄
6-02 def chat(query, streamTF, googleTF=False):
6-03   global dialogue                   # 宣告 dialogue 屬於全域變數
6-04   if googleTF:
6-05     sysMsg = get_webRes(query)      # 網路搜尋內容
6-06     dialogue.append({'role':'system','content':f'請依
"{sysMsg}"提示使用繁體中文回覆。'})
6-07     dialogue.append({'role':'user','content':query})
                                        # 存放提問資料
6-08   else:
6-09     dialogue.append({'role':'user','content':query})
                                        # 提問文句不含網路搜尋內容
```

```
6-10
6-11    ans_all = ''
6-12    for answer in get_response(dialogue, streamTF):
                                                # 呼叫函式生成片段文本
6-13      ans_all += answer
6-14      yield answer
6-15
6-16    dialogue.append({'role':'assistant','content':ans_all})
                                                # 新增元素
6-17    while len(dialogue) > saveTalk * 2:    #當提問和回覆記錄超過 2 組時
6-18      dialogue.pop(0)                      # 把前面的串列元素移除掉


7-01 def gather_chat(query, streamTF, googleTF):
7-02    sentence = ''
7-03    for ans in chat(query, streamTF, googleTF):
7-04      sentence += ans                      # 累加片段文句
7-05      yield sentence


8-01 txtAsk = gr.Textbox(label='輸入您的問題：')
8-02 chkStream = gr.Checkbox(label='流式傳輸', value=False)
8-03 chkGoogle = gr.Checkbox(label='google 搜尋', value=False)
8-04 gr.Interface(
8-05    fn = gather_chat,
8-06    inputs = [txtAsk, chkStream, chkGoogle],
8-07    outputs = gr.Textbox(label='AI 的回答：'),
8-08    title = 'AI 聊天室'
8-09 ).queue().launch(share=True)


9-01 dialogue = []                 # 移除串列所有元素內容
```

↻ 説明

1. 本程式修改前面的 gather.ipynb 範例，新增一個「google 搜尋」核取方塊和功能設計。於是新增第 3-01 ～ 3-02 行、第 5-01 ～ 5-06 行、第 6-04

~ 6-09 行、第 8-03、8-06 行的敘述、以及第 6-02、7-01 行函式中多了一個 googleTF 參數。

2. 第 8-06 行：gradio 輸入介面除了原來的 txtAsk 文字方塊 txtAsk、chkStream「流式傳輸」核取方塊外，增加了 chkGoogle「google 搜尋」核取方塊 (在第 8-03 行定義)。所以在第 8-05 行呼叫第 7-01 行的 gather_chat() 函式時，會傳遞三個參數。

3. 第 7-01 行：接受第 8-05 行的呼叫，並在第 7-03 行呼叫 chat(ask, streamTF, googleTF) 函式，指向第 6-02 行執行。

4. 第 6-02 行：chat(ask, streamTF, googleTF=False) 函式被呼叫時，所傳入的第三個參數 googleTF 是布林型別，其參數值 (True 或 Flase) 取決於「google 搜尋」核取方塊 chkStream 是否有被勾取。

5. 第 6-04~6-07 行：若 googleTF 為 True，則提問的文句會先內含網路搜尋的內容 (執行第 5-01 ~ 5-06 行)，指定給 sysMsg 變數 (第 6-06 行) 再進行 query 變數內容的提問 (第 6-07 行)。

6. 第 6-09 行：若 googleTF 為 False，則只有 query 變數的提問文句就沒有網路搜尋的內容。

6.5　Google Search JSON API

前面是使用 googlesearch-python 套件來執行 Google 搜尋，那是一種使用網頁爬蟲的方式來取得網頁的相關內容。但 Google 不認可用網頁爬蟲搜尋請求的用法，如果你在短時間內過於頻繁或快速的發送請求，Google 會根據一些因素來判斷請求是否是來自於網頁爬蟲，如果 Google 偵測到異常的流量，可能會要求你驗證「我不是機器人」，或者直接封鎖你的 IP 位址，使你在短時間內無法繼續使用 Google 搜尋。

Google 另有提供「Google Search JSON API」，讓你可以用程式碼來呼叫 Google 的搜尋服務。你可以用這個 API 來取得網頁或圖片的搜尋結果，並以 JSON 格式回傳。Google Search JSON API 在沒有付費的情況下，每天可以免費使用 100 次搜尋查詢。如果需要更多次搜尋，你可以在 API Console 註冊並付費。額外的查詢次數每 1000 次收費 5 美元，每天最多可以查詢 10,000 次

使用 Google Search JSON API 需要 ID 和金鑰驗證身分，所以先來介紹如何建立「程式化搜尋引擎 (Programmable Search Engine)」，以及取得你的「搜尋引擎 ID」和「API 金鑰」。

6.5.1 取得搜尋引擎 ID

1. 連線進入 Custom Search JSON API 頁面

開啟瀏覽器，請連線到下列網址：

https://developers.google.com/custom-search/v1/overview?hl=zh-tw

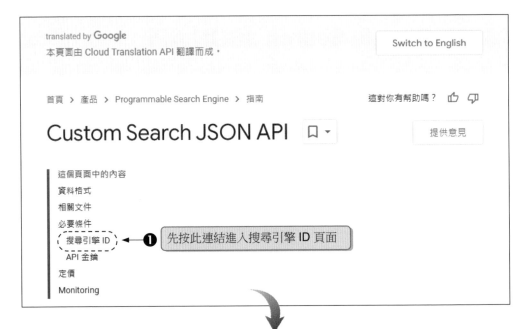

搜尋引擎 ID 🔗

使用 Custom Search JSON API 之前，請先建立並設定程式化搜尋引擎。如果您尚未建立程式化搜尋引擎，可以先造訪程式化搜尋引擎控制台。

請參閱教學課程，進一步瞭解不同的設定選項。　❷ 按此連結建立搜尋引擎

建立程式化搜尋引擎後，請造訪說明中心，瞭解如何找出搜尋引擎 ID。

2. 出現 Google 登入頁面

請選擇帳戶，輸入你的密碼，登入 Google 帳戶。

3. 建立搜尋引擎

將頁面往向下捲動到下面畫面：

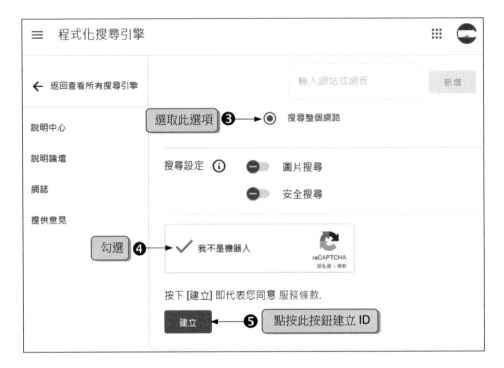

4. 取得 搜尋引擎 ID

6.5.2 取得 API 金鑰

1. 返回或重新連線 Custom Search JSON API 頁面

2. 取得 搜尋引擎 ID

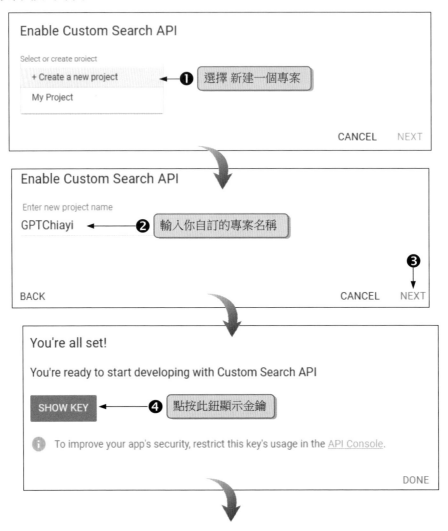

6.6　使用搜尋引擎進行網頁搜尋

Google Search JSON API 可以使用 JSON 格式來取得 Google 搜尋結果。使用這個 API 在查詢中需要包含一些重要的參數，以下是常用的參數：(其中 key、cx、q 為必要參數)

1. key：這是你的 API 金鑰，用來驗證身分和計算用量。
2. cx：這是你的搜尋引擎 ID，用來指定要使用哪個自訂搜尋引擎。
3. q：這是你要搜尋的文字，可以是任何想查詢的關鍵字或詞彙。
4. num：指定要傳回的搜尋結果數量，有效值為 1 ~ 10 的整數。
5. lr：指定語系代碼，如 'lang_zh-TW' 為 中文 (繁體)。

在 Python 程式中使用 Google Search JSON API 查詢資料時，需要先安裝 requests 套件並匯入 requests 模組。如下：(程式碼：json.ipynb)

```
01 !pip install requests
02 import requests
```

requests.get 是一個 Python 函式，它可以向指定的網址發送一個 HTTP GET 請求，並傳回 JSON 格式的資料，其中包含了網頁的內容和其他資訊。requests.get 最主要的參數有下面兩種：

1. url：要發送請求的網址。

2. params：要傳遞的查詢參數，是一個字典資料型別。

　　我們使用上一節所建立的搜尋引擎 ID 和 API 金鑰，來查詢「2024 年 台灣選舉，誰當選總統？」，要發送請求的網址為 https://www.googleapis.com/customsearch/v1。程式碼如下：

```
01 cx = '搜尋引擎 ID'                      # 您的搜尋引擎 ID
02 key = 'Custom Search JSON API 金鑰'     # 您的 API 金鑰
03 q = '2024 年 台灣選舉，誰當選總統?'       # 要搜尋的文字
04 num = 2                                # 傳回的搜尋結果數量
05 lr = 'lang_zh-TW'                      # 指定繁體中文語系
06 url = 'https://www.googleapis.com/customsearch/v1'
                                          # 發送請求的網址
07 params = {'cx':cx,'key':key,'q':q,'num':num,'lr':lr}   # 查詢參數
08 reply = requests.get(url, params=params)   # 傳回 JSON 格式的資料
```

　　從 reply 物件 (JSON 資料) 中取出需要的資訊，例如：搜尋結果的標題、描述、連結…等。程式碼如下：

```
01 for item in reply.json()['items']:
02     print(f'標題：{item["title"]}')
03     print(f'描述：{item["snippet"]}')
04     print(f'連結：{item["link"]}')
05     print()
```

標題：2024 年中華民國總統選舉- 維基百科，自由的百科全書
描述：賴清德、蕭美琴當選中華民國第 16 任總統、副總統。第 11 屆立法委員選舉結果揭曉，中國國民黨取得 52 席、民主進步黨取得 51 席、...
連結：https://zh.wikipedia.org/zh-cn/... %81%B8%E8%88%89

標題：2024 年台灣總統選舉
描述：賴清德當選台灣新總統，民進黨總統候選人賴清德在三方角逐中勝出...
連結：https://cn.wsj.com/zh-hant/news/collection/...9a1c5f9e

6.7 使用搜尋引擎生成聊天回覆

範例：

使用簡易的 ChatGPT 聊天網頁，將 Google 搜尋引擎查詢的資料與提問字串結合，再呼叫聊天服務，觀察 AI 所回覆的訊息。

執行結果

AI 聊天室

輸入您的問題：　　　　　　　　　　　　　　AI 的回答：

2024年 台灣選舉,誰當選總統?　　　　　　　根據搜尋引擎的結果顯示，2024年台灣總統選舉中，民進黨候選人賴清德成功當選為新一任總統：

Clear

Submit　　　　　　　　　　　　　　　　　　Flag

程式碼 FileName：grJSON.ipynb

```
1-01 !pip install gradio
1-02 import gradio as gr

2-01 !pip install openai
2-02 import openai
2-03 openai.api_key = 'OpenAIAPI 金鑰'        # 金鑰

3-01 !pip install requests
3-02 import requests

4-01 def get_webRes(query):
4-02   cx = '搜尋引擎 ID'                    # 您的搜尋引擎 ID
4-03   key = 'Custom Search JSON API 金鑰'        # 您的 API 金鑰
```

```
4-04    q = query                              # 要搜尋的文字
4-05    num = 2                              # 傳回的搜尋結果數量
4-06    url = 'https://www.googleapis.com/customsearch/v1'
                                            # 發送請求的網址
4-07    params = {'cx':cx, 'key':key, 'q':q, 'num':num,
                   'lr':'lang_zh-TW'}              # 查詢參數
4-08    reply = requests.get(url, params=params)  # 傳回 JSON 格式的資料
4-09    searchAns = '以下是搜尋引擎查詢的結果:\n'
4-10    for item in reply.json()['items']:
4-11        searchAns += f'標題:{item["title"]}\n'
4-12        searchAns += f'描述:{item["snippet"]}\n\n'
4-13    return searchAns


5-01 def chat(query):
5-02    sysMsg = get_webRes(query)      # 網路搜尋內容
5-03    response = openai.chat.completions.create(
5-04        model = 'gpt-3.5-turbo',
5-05        messages = [
5-06            {'role':'system', 'content':f'請依"{sysMsg}"提示回覆。'},
5-07            {'role': 'user', 'content': query}
5-08        ]
5-09    )
5-10    return response.choices[0].message.content


6-01 gr.Interface(
6-02    fn = chat,
6-03    inputs = gr.Textbox(label='輸入您的問題:'),
6-04    outputs= gr.Textbox(label='AI 的回答:'),
6-05    title = 'AI 聊天室'
6-06 ).queue().launch(share=True)
```

🔁 説明

1. 第 3-01~3-02 行:安裝 requests 套件並匯入 requests 模組。

2. 第 4-01~4-13 行:在 get_webRes() 自定函式中,使用 Google Search JSON API 查詢資料,然後傳回搜尋結果。

自動串接、函式呼叫
與微調

7.1　自動串接

由於 OpenAI API 文本生成模型遇到訓練時未曾接觸到的事件，有可能會直接回應此為未來事件，甚至還有可能會煞有介事地，生成虛構的內容來回應。為了補救這個缺點，在前一章讓使用者自行決定，是否改為呼叫 Google 搜索來回應使用者提問。但是如果每次搜尋之前，都要使用者自行猜測 OpenAI API 是否明瞭該事，這樣的做法還真是捨本逐末，一點也不夠智慧。

這樣的操作介面會降低聊天系統的便利性，所以聊天系統應該設計得 s 更加智慧，儘可能做到既能兼顧回應品質，又能減少人工判斷。但是要如何將人工判斷改成系統自動切換資訊來源？這個工作還是要交給 OpenAI API 自行處理。

接下來我們將修改前一章的範例，將是否呼叫 GoogleSearch 的決策交由 OpenAI API 自己來判斷，即使 AI 具備自動串接功能。

首先要建立一個提問的模板來詢問 OpenAI API，用以了解 OpenAI API 是否確實知道使用者的提問。為了避免 OpenAI API 作答時，回應出『抱歉，我無法預未來的事件…』這類話語。該模板還會要求 OpenAI API 以 JSON 格式作答，以利系統進行處理。模板是使用 Python 字串格式化輸出「{}」和「format()」所組成。

7.1.1 格式化字串「{}」

語法	格式化字串 = ''' … 字串 A … {} … 字串 B … '''

↻ 說明

1. 字串資料使用三個單引號「'」或三個雙引號「"」前後框住，可以建立長字串。

2. 使用一對大括弧標示出資料插入的位置，當字串輸出時，資料會取代大括弧 {} 與 … 字串 A … 、 … 字串 B … 合併輸出。

使用格式化字串「{}」來詢問 OpenAI API 的提問模板，程式碼如下：

```
01 query_str = '''
02 你確實知道以下這件事嗎？
03
04 {}
05
06 如果不知道，請以下列 JSON 格式回答
07 {{
08   "known":"N",
09   "keyword":"搜尋關鍵字",
```

```
10    "ans":""
11 }}
12 如果知道，請以下列 JSON 格式回答
13 {{
14    "known":"Y",
15    "keyword":"",
16    "ans":"你的回答"
17 }}
18 '''
```

說明

1. 第 04 行：使用者提問的文本會置於此處，並且取代大括弧 {}。

2. 第 07~11 行：如果 OpenAI API 不知道使用者的提問，就以此 JSON 格式回答。

3. 第 08 行：known 欄位設定為 N，代表 OpenAI API 不了解此事。

4. 第 09 行：keyword 欄位儲存 OpenAI API 所建議的「搜尋關鍵字」。

5. 第 10 行：ans 欄位設為空白。

6. 第 13~17 行：如果 OpenAI API 知道使用者的提問，就以此 JSON 格式回答。

7. 第 14 行：known 欄位設定為 Y，代表 OpenAI API 了解此事。

8. 第 15 行：keyword 欄位設為空白。

9. 第 16 行：ans 欄位儲存 OpenAI API 的回答。

7.1.2 格式化字串「format()」

 輸出字串 = 格式化字串.format(資料)

說明

1. format() 將資料插入格式化字串之中，串接成輸出字串。

簡例一： (程式碼：format_1.ipynb)

```
01 n = 3
02 print('汽水 {} 打是 {} 瓶'.format(n, n*12))
```

> 汽水 3 打是 36 瓶

🔍 說明

1. 第 02 行：格式化字串為 '汽水 {} 打是 {} 瓶'，其中有兩個 {}，分別被變數 n (變數值為) 與 運算式 n*12 (結果為 36) 取代。

簡例二： (程式碼：format_2.ipynb)

```
01 str = '''
02 A:今天天氣如何 ？
03 B:{}
04 A:謝謝 ！
05 '''
06 answer = '晴時多雲偶陣雨'
07 print(str.format(answer))
```

> A:今天天氣如何 ？
> B:晴時多雲偶陣雨
> A:謝謝 ！

🔍 說明

1. 第 01~05 行：str 是一個字串變數，是含有 {} 的格式化字串（第 03 行）。

2. 第 06 行：answer 是一個字串變數，是一般文本字串。

3. 第 07 行：輸出 str 格式化字串中的 {}，被 answer 文本取代後的字串。

📥 範例：

設計具有維持聊天連繫訊息、自動串接搜尋等功能的聊天網頁。

程式碼　FileName : aiSearch.ipynb

```
1-01 !pip install openai
1-02 import openai
1-03 openai.api_key = "OpenAI API 金鑰"          # 金鑰
1-04
1-05 !pip install gradio
1-06 import gradio as gr
1-07
1-08 !pip install googlesearch-python
1-09 from googlesearch import search
1-10 import json                                 # 匯入 JSON 模組


2-01 GPT_MODEL = "gpt-3.5-turbo"          # 定義 GPT 模型
2-02 SAVE_TALK = 2                        # 保留最後 2 組提問和回覆記錄
2-03 dialogue = []                        # 對話記錄串列


3-01 def get_response(dialogue):
3-02    response = openai.chat.completions.create(
3-03       model = GPT_MODEL,
3-04       messages = dialogue,
3-05    )
3-06    return response.choices[0].message.content


4-01 def get_webRes(query):
4-02    results = search(query, advanced=True)
4-03    googleAns = next(results)
4-04    return googleAns.description


5-01 query_str = '''
5-02 你確實知道以下這件事嗎？
5-03
5-04 {}
5-05
5-06 如果不知道，請以下列 JSON 格式回答
5-07 {{
```

```
5-08      "known":"N",
5-09      "keyword":"搜尋關鍵字",
5-10      "ans":""
5-11    }}
5-12    如果知道，請以下列 JSON 格式回答
5-13    {{
5-14      "known":"Y",
5-15      "keyword":"",
5-16      "ans":"你的回答"
5-17    }}
5-18    '''
```

```
6-01  def chat(query):
6-02      global dialogue
6-03      response = get_response(
6-04          dialogue+[{
6-05              'role':'user',
6-06              'content':query_str.format(query)}])
6-07      answer = json.loads(response)
6-08      dialogue.append({"role":"user","content":query})
6-09      if answer["known"] == "Y":
6-10        dialogue.append({"role":"assistant",
6-11                          "content":answer["ans"]})
6-12        results = f"GPT 回答：{answer['ans']}"
6-13      else:
6-14        results = get_webRes(answer["keyword"])
6-15        dialogue.append({"role":"assistant",
6-16                          "content":answer["keyword"]})
6-17        results = f"Google 搜尋：{results}"
6-18      while len(dialogue) > SAVE_TALK * 2:   # 當提問和回覆記錄超過時
6-19        dialogue.pop(0)                       # 把前面的串列元素移除掉
6-20
6-21      return results
```

```
7-01  gr.Interface(
```

```
7-02        fn = chat,
7-03        inputs = gr.Textbox(label="輸入您的問題："),
7-04        outputs = gr.Textbox(label="AI 的回答："),
7-05        title = "AI 聊天室",
7-06        allow_flagging = "never"              # 取消 flag 按鈕
7-07    ).queue().launch()
```

🔄 説明

1. 第 1-10 行：因為要求透過 JSON 格式作答，所以需要匯入 json 模組。

2. 第 2-01 行：以常數 GPT_MODEL 定義程式內所使用的 GPT 模型。

3. 第 2-02 行：以常數 SAVE_TALK 定義程式保留幾組提問和回覆記錄。

4. 第 3-01~3-06 行：生成回覆文本的函式。

5. 第 4-01~4-04 行：呼叫 Google 搜尋的函式，傳回值：搜尋排行首位的網頁描述。

6. 第 5-01~5-18 行：提問模板。

7. 第 6-01~6-21 行：處理提問及回覆的函式。

8. 第 6-06 行：將提問代入模板中向 OpenAI API 發問。

9. 第 6-07 行：將 JSON 格式的資料轉成字典型態。

10. 第 6-08 行：將提問儲存到對話記錄串列。

11. 第 6-10~6-12 行：「known」欄位等於「Y」，以 OpenAI API 的回答作回應。

12. 第 6-10~6-11 行：將 OpenAI API 的回答儲存到對話記錄串列。

13. 第 6-14~6-17 行：「known」欄位等於「N」，需要以 Google 搜尋進行網頁搜尋。

14. 第 6-15~6-16 行：將 OpenAI API 所建議的搜尋關鍵字儲存到對話記錄串列。

15. 第 6-17 行：將網頁的描述作提問的回答。

執行結果

AI 聊天室

輸入您的問題：

2024年,1月23日陽明山有下雪嗎?

AI 的回答：

Google搜尋：Feb 7, 2024 — 臺北市政府交通局表示，依據中央氣象局預估2023～2024年冬天最冷時間點落於2024年1月23日起至1月24日，為提醒用路人預作準備，陽明山下雪管制將依 ...

Clear

Submit

7.2 函式呼叫

函式呼叫 (function calling) 是 OpenAI 在 2023 年 6 月發佈的新功能。新版本的 GPT 模型經過微調，可與第三方函式搭配運作，而且模型還會自行判斷呼叫第三方函式的時機和方式。換句話說，OpenAI API 已被打造成為一個能夠整合外部工具的平台，有了此功能，就可以大大的擴張生成式 AI 的應用範圍。

要使用 OpenAI API 的函式呼叫功能，必需設定兩個參數「tools」及「tool_choice」。這兩個參數在舊版 OpenAI API 中分別被稱為「functions」及「function_call」，在 2023 年 12 月之後的版本淘汰了這兩個參數。所以在參考舊的程式碼時，要特別留意「functions」已被「tools」取代，「function_call」已被「tool_choice」所取代。

函式呼叫的步驟如下：

● 以使用者的提問和 tools 參數來呼叫 GPT 模型。

- GPT 模型會選擇呼叫一個或多個函式或者是當作一般聊天 (假設 tool_choice 為 auto)；如果 GPT 模型判斷要呼叫函式，GPT 模型會生成符合 tools 參數所架構的字串化 JSON 物件。

- 在程式碼中將字串解析為 JSON。

- 將函式及其參數重組作為新訊息附加在原本的訊息之後，再次呼叫 GPT 模型，並讓 GPT 模型將結果匯總傳回給使用者。

接下來將以 OpenAI Cookbook 所公開的範例，示範如何在 OpenAI API 程式碼中進行函式呼叫：

Step 01　匯入必要的模組：

程式碼　FileName：funCall.ipynb

```
1-01 !pip install openai
1-02 import openai
1-03 openai.api_key = 'OpenAI API 金鑰'
1-04 !pip install gradio
1-05 import gradio as gr
1-06 import json
1-07
1-08 GPT_MODEL = 'gpt-3.5-turbo'
```

Step 02　建立 **tools** 參數：tools 參數傳遞訊息給 Chat Completions API，讓 API 知道有哪些外部函式可供呼叫，以及函式呼叫的格式。

```
2-01 tools = [
2-02   {
2-03     "type": "function",
2-04     "function": {
2-05       "name": "get_current_weather",        # 函式名稱
2-06       "description": "取得指定位置的當前天氣",
2-07       "parameters": {
2-08         "type": "object",
```

```
2-09            "properties": {
2-10             "location": {                    # 參數名稱
2-11              "type": "string",              # 資料型別
2-12              "description": "城市名稱",       # 參數說明
2-13             },
2-14             "unit": {
2-15              "type": "string",
2-16              "enum": ["celsius", "fahrenheit"]},
2-17             },
2-18             "required": ["location"],
2-19            },
2-20           },
2-21          }
2-22 ]
```

説明

1. 第 2-01~2-22 行：tools 參數的資料型別是串列，一個串列元素描述一個函式，描述格式必需符合 JSON Schema 規範。

2. 第 2-03 行：資料型別為「function」。

3. 第 2-04~2-20 行：函式描述。

4. 第 2-05 行：被呼叫的函式名稱。

5. 第 2-06 行：函式功能說明。

6. 第 2-07~2-19 行：函式的參數描述。

7. 第 2-09~2-18 行：描述函式呼叫時可代入哪些參數。

8. 第 2-10~2-17 行：欄位資料型別及用途。

9. 第 2-16 行：指定參數「unit」可以使用的值有哪些。

10. 第 2-18 行：函式呼叫時必要的參數。

Step 03　建立外部函式：這是模擬的函式，不會去擷取真實資料，只會回傳固定的測試資料。

```
3-01 def get_current_weather(location, unit="fahrenheit"):
3-02   if "tokyo" in location.lower():
3-03     return json.dumps({"location":"Tokyo",
3-04             "temperature":"19","unit":unit})
3-05   elif "taipei" in location.lower():
3-06     return json.dumps({"location":"Taipei",
3-07             "temperature":"32","unit":unit})
3-08   elif "paris" in location.lower():
3-09     return json.dumps({"location":"Paris",
3-10             "temperature":"22","unit":unit})
3-11   else:
3-12     return json.dumps({"location":location,
3-13             "temperature":"unknown"})
```

▍Step 04　建立提供給 **gradio** 呼叫的函式：

```
4-01 def run_conversation(query):
4-02    messages = [{"role": "user", "content": query}]
4-03    response = openai.chat.completions.create(
4-04      model = GPT_MODEL,
4-05      messages = messages,
4-06      tools = tools,
4-07      tool_choice = "auto",
4-08    )
4-09    response_message = response.choices[0].message
4-10    tool_calls = response_message.tool_calls
4-11    if tool_calls:
4-12      available_functions = {
4-13          "get_current_weather": get_current_weather,
4-14      }
4-15      messages.append(response_message)
4-16      for tool_call in tool_calls:
4-17        function_name = tool_call.function.name
4-18        function_to_call = available_functions[function_name]
4-19        function_args = json.loads(tool_call.function.arguments)
4-20        function_response = function_to_call(
```

```
4-21              location = function_args.get("location"),
4-22              unit=function_args.get("unit"),
4-23          )
4-24        messages.append(
4-25          {
4-26            "tool_call_id": tool_call.id,
4-27            "role": "tool",
4-28            "name": function_name,
4-29            "content": function_response,
4-30          }
4-31        )
4-32      second_response = openai.chat.completions.create(
4-33        model = GPT_MODEL,
4-34        messages = messages,
4-35      )
4-36      return second_response.choices[0].message.content
4-37    return response.choices[0].message.content
```

⟳ 說明

1. 第 4-02～4-08 行：將提問和 tools 參數傳送給 Chat Completions API。

2. 第 4-07 行：tool_choice 參數設成「auto」讓 GPT 模型自行決定是否要呼叫函式，以及要呼叫哪一個函式。如果設成「none」表示不呼叫外部函式。如果要強制 GPT 模型呼叫特定的外部函式，則要使用下列語法：

```
tool_choice = {"type":"function","function":{"name":"函式名稱"}}
```

3. 第 4-11~4-36 行：tool_calls 被設定，表示 GPT 模型建議要呼叫函式。

4. 第 4-12~4-14 行：建立函式清單，所有可供呼叫的函式，都要列入清單之內。

5. 第 4-15 行：將 GPT 模型的回答加至對話串列之內。

6. 第 4-16~4-31 行：以迴圈一一取出 GPT 模型的建議，並且加至對話串列之內。

7. 第 4-17~4-23 行：取出 GPT 模型的建議，呼叫的函式及其參數。

8. 第 4-24~4-31 行：將呼叫函式的資訊整合成一組對話加至對話串列中。

9. 第 4-26 行：「id」是函式呼叫的識別碼。

10. 第 4-27 行：要求 GPT 扮演「tool」角色。

11. 第 4-32~4-35 行：將提問及 GPT 的建議包裝成一個對話串列，再一次向 GPT 提問。

12. 第 4-36 行：傳回使用外部函式呼叫的回應。

13. 第 4-37 行：傳回無需使用外部函式呼叫的回應。

Step 05 建立 **gradio** 介面：

```
5-01 gr.Interface(
5-02     fn = run_conversation,
5-03     inputs = gr.Textbox(label="輸入您的問題："),
5-04     outputs = gr.Textbox(label="AI 的回答："),
5-05     title = "AI 聊天室",
5-06     allow_flagging = "never"
5-07 ).queue().launch()
```

執行結果

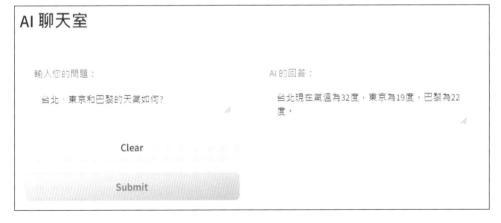

7.3 微調

什麼是微調（Fine-tuning）？微調是可以讓 OpenAI API 所輸出的回應，更符合我們預期的一種方法。

OpenAI API 的文本生成模型，雖然已經經過大量文本的預訓練，但若想要更有效率地使用文本生成模型，可以自行執行「小樣本學習」，也就是微調。透過微調，我們可以不需重新訓練一個新的模型，即可省下訓練新模型的成本及時間。

透過小樣本學習，可以使用自己的文本來預訓練模型，也就是量身打造自己所使用的文本生成模型。一旦模型微調好，使用者就不需要在提問中提供特定條件說明，這會減少 token 使用，這可以節省成本並且降低回應的延遲。

經過微調的模型，可達成以下的好處：

● 回應出比較詳實的內容。

● 生成原模型所無法回應的提問。

● 可簡化提問內容。

● 縮短系統回應時間。

有哪些模型可進行微調？目前可進行微調的模型有：gpt-3.5-turbo-0125（建議）、gpt-3.5-turbo-1106、gpt-3.5-turbo-0613、babbage-002、davinci-002 和 gpt-4-0613。GPT-4 的微調功能尚處於測試階段，要對 gpt-4-0613 進行微調者，必需取得存取權限。

微調的步驟如下：

1. 準備並上傳訓練資料。

2. 訓練新的微調模型。

3. 評估訓練結果，並依據需要返回步驟 1。

4. 使用微調後的模型。

以下將以單步執行的方式說明微調的程序：

Step 01　收集資料：

如果要對模型進行微調，就需要收集資料來訓練模型。資料要儘可能的包含該主題，只要有關聯的資料都要納入。在這裡以虛構的「鯛魚棒球隊的投手」為範例，我們收集了該選手的姓名、球衣背號及比賽成績，來對 GPT 模型作微調。

Step 02　準備訓練資料：

訓練資料的格式與 ChatGPT 聊天格式相同，每一個資料都要包含角色及內容。角色為「user」的內容是問題，角色為「assistant」的內容是解答。訓練資料就是這樣一問一答，「問題」要以使用者的角度去推測可能的提問，「解答」則是您希望 GPT 模型回應的理想回答。這樣的訓練資料最少要準備十組，低於十組的話，在訓練時系統會直接傳回錯誤訊息。依照 Open API 的文件說明，要成功微調 GPT 模型，至少要準備 50～100 則精心設計的問答範例。

每一則訓練資料的 token 數以 4,096 為限，訓練資料的檔案長度以 16,385 為限。若有超長的情況，要自行拆分成多個檔案。

訓練資料要儲存成純文字的「JSONL」檔，副檔名使用「.jsonl」，JSONL (JSON Lines) 是一種以「行」為單位儲存資料的格式，每一行都是一個完整的 JSON 物件。以下為訓練資料的節錄：

```
{"messages":[{"role":"system","content":"你是鯛魚棒球隊的教練"}
,{"role":"user","content":"球衣背號 10 號選手是誰"}
,{"role":"assistant","content":"李約翰"}]}
        ⋮
{"messages":[{"role":"system","content":"你是鯛魚棒球隊的教練"}
,{"role":"user","content":"鯛魚棒球隊的李約翰的勝投場數"}
,{"role":"assistant","content":"10 場"}]}
```

Step 03 安裝套件、匯入模組：

程式碼 FileName：fineTune.ipynb

```
1-01 !pip install openai
1-02 import openai
1-03 openai.api_key = 'OpenAI API 金鑰'
1-04 GPT_MODLE = 'gpt-3.5-turbo-0125'
1-05
1-06 !pip install gradio
1-07 import gradio as gr
```

Step 04 上傳訓練資料：

```
2-01 from google.colab import files
2-02 uploaded = files.upload()
```

```
選擇檔案  finetune.jsonl
• finetune.jsonl(n/a) - 15600 bytes, last modified: 2024/3/30 - 100% done
Saving finetune.jsonl to finetune.jsonl
```

🔍 説明

1. 第 2-01 行：引入 google.colab 模組。

2. 第 2-02 行：使用 upload() 方法上傳檔案，執行本敘述時，請點按操作畫面中的 選擇檔案 按鈕，開啟開檔對話框，選取本書範例隨附的訓練資料檔「finetune.jsonl」，將檔案上傳到 Colab 虛擬空間。若要放棄檔案上傳，請按 Cancel upload 按鈕。

Step 05 上傳訓練資料到 **GPT** 模型：

```
3-01 with open("finetune.jsonl", "rb") as training_fd:
3-02   training_response = openai.files.create(
3-03     file = training_fd,
3-04     purpose = "fine-tune"
3-05   )
3-06
3-07 training_file_id = training_response.id
3-08
3-09 print("Training file ID:", training_file_id)
↪    Training file ID: file-4e4MeXIYqymFWvDMpRcmneTU
```

🔍 説明

1. 第 3-02 行：檔案上傳到 GPT 模型的 Files 端點以供微調模型使用。

2. 第 3-04 行：指定檔案用途為微調。

3. 第 3-07 行：取得微調檔案的 ID。

4. 第 3-09 行：顯示檔案的 ID。

Step 06 微調作業：

```
4-01 response = openai.fine_tuning.jobs.create(
4-02     training_file = training_file_id,
4-03     model = GPT_MODLE,
4-04     suffix = "my_model",
4-05 )
4-06
4-07 job_id = response.id
4-08
4-09 print("Job ID:", response.id)
4-10 print("Status:", response.status)
```

```
Job ID: ftjob-bL6d2Syl1wyaDfVMLFbPFsZS
Status: validating_files
```

⌕ 説明

1. 第 4-01~4-05 行：建立微調作業。

2. 第 4-02 行：設定微調檔案的 ID。

3. 第 4-04 行：一組最多 18 個字元的字串，該自訂字串會穿插在模型名稱之中，成為新的模型名稱。

4. 第 4-09 行：顯示微調作業的 ID。

5. 第 4-10 行：顯示微調作業的狀態，作業狀態為「驗證中」。

Step 07 微調作業狀態：

```
5-01 response = openai.fine_tuning.jobs.retrieve(job_id)
5-02
5-03 print("Job ID:", response.id)
5-04 print("Status:", response.status)
5-05 print("Trained Tokens:", response.trained_tokens)
```

```
Job ID: ftjob-bL6d2Syl1wyaDfVMLFbPFsZS
Status: running
Trained Tokens: None
```

⟲ 説明

1. 第 5-01 行：向 fine-tunes 端點查詢微調作業狀態。

2. 第 5-03 行：顯示微調作業的 ID。

3. 第 5-04 行：顯示微調作業的狀態。若顯示「running」，表示正在執行中。若顯示「succeeded」表示作業完成。

Step 08　微調作業進度：

```
6-01 response = openai.fine_tuning.jobs.list_events(job_id)
6-02
6-03 events = response.data
6-04 events.reverse()
6-05
6-06 for event in events:
6-07     print(event.message)
```

⟶　Created fine-tuning job: ftjob-OTZ9mpUQcdnF2v3S5fUV5GAW
　　Validating training file: file-N1s50W1e1YDgvb6kYhAp8eud
　　Files validated, moving job to queued state
　　Fine-tuning job started
　　Step 1/195: training loss=1.89
　　　　　⋮
　　Step 195/195: training loss=0.00
　　New fine-tuned model created: ft:gpt-3.5-turbo-0125:
　　personal:my-model:97lU1sBP
　　Checkpoint created at step 65 with Snapshot ID: ft:gpt-3.5-
　　turbo-0125:personal:my-model:9Dpda3Ko:ckpt-step-65
　　Checkpoint created at step 130 with Snapshot ID: ft:gpt-3.5-
　　turbo-0125:personal:my-model:9Dpda6y8:ckpt-step-130
　　Checkpoint created at step 195 with Snapshot ID: ft:gpt-3.5-
　　turbo-0125:personal:my-model:9DpdbSxn:ckpt-step-195
　　The job has successfully completed

⟲ 説明

1. 第 6-01 行：向 fine-tunes 端點查詢微調作業的進度。

2. 第 6-07 行：顯示微調作業的進度。

3. 此儲存格程式和前一個儲存格程式的功能相同，使用者可擇一執行。當
   作業狀態顯示「The job has successfully completed」表示作業完成。
   「New fine-tuned model created」顯示的是訓練微調後的模型名稱。

Step 09 取得微調後的 **GPT** 模型之 **ID**：

```
7-01 response = openai.fine_tuning.jobs.retrieve(job_id)
7-02 fine_tuned_model_id = response.fine_tuned_model
7-03
7-04 if fine_tuned_model_id is None:
7-05     raise RuntimeError("未找到微調的模型 ID。 你的工作可能尚未完成。")
7-06
7-07 print("Fine-tuned model ID:", fine_tuned_model_id)
```

> Fine-tuned model ID: ft:gpt-3.5-turbo-0125:personal:my-
> model:97lU1sBP

↻ 說明

1. 第 7-01 行：以作業 ID 向 fine-tunes 端點取得微調結果。

2. 第 7-02 行：變數 fine_tuned_model_id 儲存經過微調的 GPT 模型的 ID。

Step 10 建立供 **gradio** 呼叫的函式：

```
8-01 def chat(query):
8-02   response = openai.chat.completions.create(
8-03     model = fine_tuned_model_id,
8-04     messages = [
8-05         {"role":"user","content":query}
8-06     ]
8-07   )
8-08   return response.choices[0].message.content
```

↻ 說明

1. 第 8-03 行：使用微調過的 GPT 模型來與使用者聊天。

Step 11 建立 **gradio** 介面：

```
9-01 gr.Interface(
9-02     fn = chat,
9-03     inputs = gr.Textbox(label="輸入您的問題："),
9-04     outputs = gr.Textbox(label="AI 的回答："),
9-05     title = "AI 聊天室",
9-06     allow_flagging = "never"
9-07 ).queue().launch()
```

執行結果

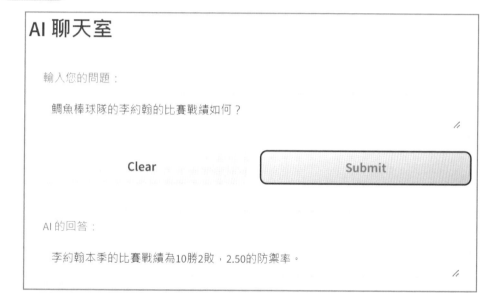

説明

1. 微調作業完成後，就要評估微調訓練的成果。此時要用與訓練主題相關的提問和微調後的 GPT 模型進行聊天，觀察 GPT 模型的回應是否符合訓練內容。如果感覺不滿意，就回到 Step 01 從頭再作一次。以此範例來說，經過微調訓練後的 GPT 模型，能正確回答出李約翰的勝投及防禦率，但是敗投數是不正確的。因此評估 GPT 模型的微調是有成效，但是尚需進行比賽戰績方面的訓練。

Images API
AI 圖形生成

8.1 認識 Images API

8.1.1 Images API 簡介

OpenAI 提供 Images API，可以使用 Python 語言呼叫 OpenAI 生成、修改圖形的服務。Images 服務是使用 DALL·E 模型，DALL·E 是 OpenAI 於 2021 年發布以 GPT-3 模型所開發出的 AI 繪圖模型，其名稱來自超現實主義畫家達利 (Dali)，和皮克斯動畫中機器人瓦力 (WALL·E)。DALL·E 模型能夠整合語言與圖形模型，可以依據自然語言的內容生成符合要求的圖形，而且能指定圖形的風格。目前 OpenAI 提供 DALL·E 2 和 DALL·E 3 兩個模型，只要在不違反 OpenAI 的政策，生成的圖形是允許商業用途。

雖然 OpenAI 的 Images API 功能強大，目前在使用上仍然有一些限制：

1. 圖形大小固定：使用 DALL·E 2 模型時只有 256×256、512×512、1024×1024 像素三種圖形尺寸大小，DALL·E 3 模型則為 1024×1024、1024×1792、1792×1024 像素三種尺寸。所以如果想將圖形交由 OpenAI 修改時，可以先將圖形調整成以上尺寸，可以得到較好的處理效果。

2. 圖形格式限制：OpenAI 目前只支援 PNG 圖形格式。PNG (可攜式網路圖形，Portable Network Graphics) 是一種無失真壓縮的點陣圖格式，支援索引、灰度、RGB 以及 Alpha 通道 (透明度)，因為適合網路傳輸而且不需要使用授權，所以廣泛應用於網際網路。

3. 詞彙限制：使用自然語言產生圖形時，色情、暴力…等的詞彙會因為違反 OpenAI 公司的政策無法使用。

8.1.2 DALL·E 模型收費標準

使用 DALL·E 模型生成圖形必須付費，其收費標準跟模型種類、圖形品質、尺寸大小有關。例如使用 DALL·E 2 模型生成 1024×1024 圖形，每張需要美金 0.02 元 (約台幣 0.6 元)。若改用 DALL·E 3 模型生成高畫質圖形時，則每張需要美金 0.08 元 (約台幣 2.4 元)。以下是目前官網所公告的收費標準：

模型	品質	尺寸	價格 (每張)
DALL·E 3	標準	1024×1024	$0.040
	標準	1024×1792、1792×1024	$0.080
DALL·E 3	高畫質	1024×1024	$0.080
	高畫質	1024*1792、1792×1024	$0.120
DALL·E 2	品質普通	1024×1024	$0.020
	品質普通	512×512	$0.018
	品質普通	256×256	$0.016

8.2　自然語言生成圖形

OpenAI 的 Images API 目前有三種生成圖形的方式，分別是自然語言生成 (Generations)、變化 (Variations) 和編輯 (Edits)，本節將先介紹使用自然語言生成圖形的方法。

8.2.1　generate 方法常用參數

透過 OpenAI 的 Images API 所提供的 generate() 方法，可以使用自然語言指定生成圖形的內容和風格，DALL·E 2 和 DALL·E 3 兩個模型都支援 generate() 方法。DALL·E 3 模型雖然收費較高，但是理解提示詞的能力，以及所生成圖形的品質都比較良好，所以建議採用 DALL·E 3 模型。

1. **prompt**：指定所需圖形內容和風格的文字描述，為必要參數。使用 dall-e-2 模型時最多為 1,000 個字元，而 dall-e-3 模型則可以達 4,000 個字元。

2. **model**：指定生成圖形的模型。預設值為 'dall-e-2'，可設為 'dall-e-3'。

3. **n**：指定生成圖形的數量。參數值 1 ~ 10 的整數，預設值為 1，但是使用 dall-e-3 模型時只能指定為 1。

4. **quality**：指定生成圖形的品質。預設值為 'standard' (標準)，僅 dall-e-3 支援 'hd' (高畫質) 參數值，可以創建更高畫質和一致性的圖形。

5. **response_format**：指定傳回生成圖形的格式。參數值為 'url ' (預設值) 或 'b64_json'。

6. **size**：指定生成圖形的大小，預設值為 '1024x1024'。使用 dall-e-2 模型時可指定為 '256x256'、'512x512' 或 '1024x1024'；dall-e-3 模型可指定為 '1024x1024'、'1792x1024' 或 '1024x1792'。

7. **style**：指定生成圖形的風格僅 dall-e-3 模型支援，參數值為 'vivid' (預設值) 或 'natural'。參數值為 'vivid' 時會生成較超現實和戲劇性的圖形；若為 'natural' 則會生成較自然的圖形。

8. **data**：generate() 方法執行後回傳值中 data 最重要，data 的資料型別為串列，其中依序存放生成圖形的網址 (會依 response_format 參數的設定而不同)。

範例：

使用者可以輸入圖形的描述，然後顯示由 OpenAI 生成的圖形。

執行結果

程式碼 FileName : Generate_1.ipynb

```
1-01 !pip install gradio
1-02 import gradio as gr

2-01 !pip install openai
2-02 import openai

3-01 def Paint(ask):
```

```
3-02    openai.api_key = 'OpenAIAPI 金鑰'
3-03    response = openai.images.generate(
3-04        model = 'dall-e-3',
3-05        prompt = ask,
3-06        size = '1024x1024'
3-07    )
3-08    return response.data[0].url
```

```
4-01 gr.Interface(
4-02     fn = Paint,
4-03     inputs = gr.Textbox(label='請描述想畫圖形的內容：'),
4-04     outputs = gr.Image(label='AI 的畫作：'),
4-05 ).queue().launch()
```

說明

1. 第 3-01~3-08 行：定義 Paint() 函式來處理 gradio 介面的元件值，ask 參數接受使用者輸入的圖形描述。函式處理過後傳回圖形的網址。

2. 第 3-03 行：使用 openai.images.generate() 方法呼叫 Images 服務生成圖形，傳回值指定給 response 變數。

3. generate() 方法的傳回值指定給 response 物件變數的內容格式如下：

```
ImagesResponse(created=1704005716, data=[Image(b64_json=None,
revised_prompt='A small dog with a fluffy coat and curious eyes.…',
url='https://oaidalleapiprodscus.blob.core.windows.net/…')])
```

圖檔的網址

實際運算的提示詞
模型會自動增加細節

4. 第 3-04~3-06 行：設 model 參數值為 'dall-e-3'，指定使用 DALL·E 3 模型。設 prompt 參數值為 ask，是使用者所輸入的圖形描述字串。設 size 參數值為 '1024x1024'，指定圖形尺寸為 1024×1024 像素。

5. 第 3-08 行：generate() 方法的傳回值中，data 為串列其元素值是圖形的網址。要傳回第一個圖形的網址，寫法為：response.data[0].url。

6. 第 4-01~4-05 行：定義 Interface 物件，指定 Paint() 函式，建立 TextBox 為輸入元件，Image 為輸出元件，並發布網站部署。

7. 如果喜歡所生成的圖形，可以按圖形右上角的 ⬇ 下載鈕下載儲存，不然圖檔有效時間僅一個小時。

8.2.2 圖形的提示方法

Images API 的 generate() 方法是使用自然語言生成指定的圖形，所以提問時所用的提示詞非常重要，會影響所生成的圖形是否能夠符合需求。上面範例中提示詞僅為「小狗」，OpenAI 為使圖形精緻會自動添加許多提示詞，而這些提示詞不一定符合我們的要求。通常提示詞會包含圖形的類別、主體、動作、光影、周遭環境…等，越清楚地描述，所生成的圖形就會越符合要求。提示詞可以包含下列描述：

1. **主題**：描述圖形主題的詳細樣式，例如形狀、大小、材質、顏色、花紋…等。如果主題為人物或動物時，可以說明數量、外觀、年齡、動作、情緒…等，例如「一個小男孩穿著紅色條紋運動服，很高興地在踢足球」、「兩隻米格魯犬穿著太空衣在荒涼的月球漫步」。

2. **環境**：描述背景環境可以使圖形更加生動，可以包含地點、時間、季節、天氣、燈光、氣氛、顏色…等。例如「春天風光明媚的早晨，在茂密的森林中。」、「聖誕節的夜晚壁爐中柴火燃燒旺盛，木屋的客廳充滿溫馨的氛圍。」。

3. **類型**：可以指定圖形的類型和風格，例如：「油畫」、「漫畫」、「水墨畫」、「卡通」、「插畫」、「鉛筆素描」、「照片」、「圖案」、「梵谷」、「達利」…等。

4. **視角**：可以指定圖形描繪的角度，例如：「側面」、「俯視」、「仰視」、「特寫」、「鳥瞰」…等。

5. **文字**：可以為圖形中指定加入文字，例如為海報加上標題文字、為商店加上店名、為廣告看板加上指定文字…等。目前無法支援中文。

範例：

設計一個公司商標的產生器，使用者可以輸入公司名稱、業務項目，並由下拉式清單選擇風格，然後顯示由 OpenAI 生成的商標。

執行結果

程式碼 FileName : Generate_2.ipynb

```
1-01 !pip install gradio
1-02 import gradio as gr

2-01 !pip install openai
2-02 import openai

3-01 def Paint(com, kind, style):
3-02   openai.api_key = 'OpenAIAPI 金鑰'
3-03   response = openai.images.generate(
3-04     model='dall-e-3',
3-05     prompt=f'以{style}風格設計{kind}類型公司的商標,文字為:「{com}」'
3-06   )
3-07   return response.data[0].url
```

```
4-01 gr.Interface(
4-02   fn = Paint,
4-03   inputs = [gr.Textbox(label='公司名稱:'),
               gr.Textbox(label='營業項目:'),
               gr.Dropdown(choices=['活潑','正式','抽象'],
                           label='風格:')],
4-04   outputs = gr.Image(label='公司商標:'),
4-05   title = '商標生成器'
4-06 ).queue().launch()
```

◯ 說明

1. 第 3-01~3-07 行：定義 Paint() 函式來處理 gradio 介面的元件值，com、kind、style 三個參數，分別接受使用者輸入的公司名稱、營業項目和風格等資訊。

2. 第 3-03 行：使用 openai.images.generate() 方法呼叫 Images 服務生成圖形，傳回值指定給 response 變數。

3. 第 3-05 行：將 com、kind、style 三個參數，加入到提示詞中要求生成商標。

4. 第 4-01~4-06 行：定義 Interface 物件，指定 Paint() 函式，建立 TextBox、Dropdown (下拉式清單中有「活潑」、「正式」、「抽象」三個項目) 為輸入元件，Image 為輸出元件，並發布網站部署。

8.2.3 生成多張圖形

generate() 方法的 n 參數可以設定生成 1 ~ 10 張圖形，但目前只支援 DALL·E 2 模型，使用 DALL·E 3 模型時只能設為 1 張。

⬇ 範例：

設計一個使用者可以輸入圖片的描述，以及選擇 1 ~ 4 的張數，然後顯示由 OpenAI 生成的多張圖形。

執行結果

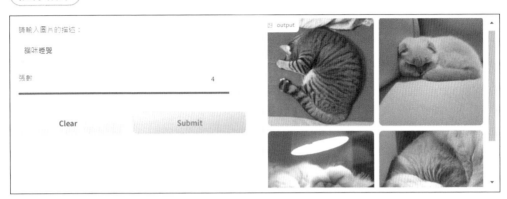

程式碼　FileName : Generate_3.ipynb

```
1-01 !pip install gradio
1-02 import gradio as gr

2-01 !pip install openai
2-02 import openai

3-01 def Paint(ask,num):
3-02   openai.api_key = 'OpenAIAPI 金鑰'
3-03   response = openai.images.generate(
3-04     model='dall-e-2',
3-05     prompt=ask,
3-06     size='512x512',
3-07     n=num
3-08   )
3-09   image_urls = []      # 用來存放圖形網址的串列
3-10   i = 0
3-11   while(i<len(response.data)):
3-12     image_urls.append(response.data[i].url)
3-13     i += 1
3-14   return image_urls

4-01 gr.Interface(
4-02   fn = Paint,
```

```
4-03    inputs = [gr.Textbox(label='請輸入圖片的描述：'),
                  gr.Slider(minimum=1,maximum=4,step=1,value=2,
                           label='張數')],
4-04    outputs = 'gallery'
4-05  ).queue().launch()
```

說明

1. 第 3-01~3-14 行：定義 Paint() 函式來處理 gradio 介面的元件值，ask、num 兩個參數，分別接受使用者輸入的圖形描述和張數等資訊。

2. 第 3-04 行：指定使用 dall-e-2 模型，才能一次生成多張圖形。

3. 第 3-07 行：指定 n 參數值為使用者由滑桿所輸入的數值。

4. 第 3-09~3-14 行：定義 image_urls 為串列，然後使用 while 迴圈逐一將圖片網址，用 append() 方法加入串列。最後傳回 image_urls 值。

5. 第 4-01~4-05 行：定義 Interface 物件，指定 Paint() 函式，建立 TextBox、Slider (最小值為 1、最大值為 4、間距為 1、預設值為 2) 為輸入元件，'gallery' (圖庫) 為輸出元件，並發布網站部署。

6. 第 4-04 行：Image 元件只能顯示一張圖形，本範例最多會顯示四張圖，所以要使用 Gallery 圖庫元件。此處使用 Gallery 元件的預設值，傳入值為 image_urls 串列，元素值為圖形的網址。

8.3　圖形變化

自然語言生成的圖形或一般圖形，可以利用 DALL·E 2 模型的變化 (Variations) 功能，將圖形內容再做變化以便產生更符合需求的圖形。下面是官網的範例：

來源影像	變化輸出

8.3.1　create_variation 方法常用參數

透過 OpenAI 的 Images API 所提供的 create_variation() 方法，可以將指定的圖形做重新創作變化，目前只有支援 DALL·E 2 模型。

1. **image**：指定要變化的圖形，為必要參數。圖形必須是 PNG 格式且尺寸為正方形，圖檔大小要小於 4MB。

2. **model**：指定圖形變化的模型，目前只支援 'dall-e-2'。

3. **n**：指定生成圖形的數量。參數值 1 ～ 10 的整數，預設值為 1。

4. **size**：指定生成圖形的大小，參數值可指定為 '256x256'、'512x512' 或 '1024x1024'。

5. **response_format**：指定傳回生成圖形的格式。參數值為 'url ' (預設值) 或 'b64_json'。

8.3.2　圖形變化實作

🔽 **範例：**

使用者按 [Submit] 鈕送出，會根據上傳的圖片由 OpenAI 重製變化，然後顯示所新創的圖形。

執行結果

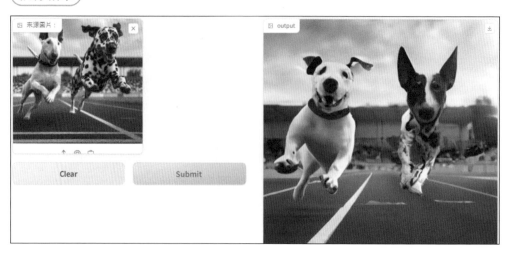

程式碼　FileName : Variation.ipynb

```
1-01 !pip install gradio
1-02 import gradio as gr

2-01 !pip install openai
2-02 import openai

3-01 def Paint(img_s):
3-02    openai.api_key = 'OpenAIAPI 金鑰'
3-03    response = openai.images.create_variation(
3-04        image = open('source_v.png','rb'),
3-05        size = '512x512'
3-06    )
3-07    return response.data[0].url

4-01 gr.Interface(
4-02    fn = Paint,
4-03    inputs = gr.Image(label='來源圖片：',value='source_v.png',
                          height=256,width=256),
4-04    outputs = 'image'
4-05 ).queue().launch()
```

↻ 説明

1. 第 3-01~3-07 行：定義 Paint() 函式來處理 gradio 介面的元件值，函式處理過後傳回圖形的網址。

2. 第 3-03 行：使用 openai.images.create_variation() 方法呼叫 Images 服務變化圖形，傳回值指定給 response 變數。

3. 第 3-04~3-05 行：使用 open() 方法以二進制讀取來源圖形，指定給 image 參數。來源圖檔 source_v.png 要先上傳至筆記本所在的檔案資料夾。設 size 參數值為 '512x512'，指定圖形尺寸為 512×512 像素。

4. 第 4-01~4-05 行：定義 Interface 物件，指定 Paint() 函式，建立 Image 為輸入和輸出元件，並發布部署。

8.4　編輯圖形

編輯 (Edit) 圖形的功能是指定一個來源圖形，以及一個附有透明區域的遮罩圖形，就會依照遮罩指定的範圍，在來源圖形上無縫生成提示詞所指定的圖形。以下是官網的範例：

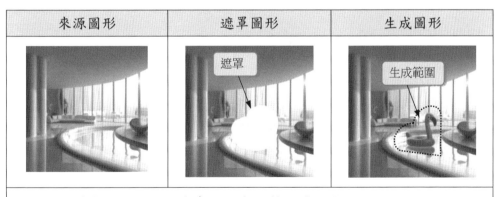

來源圖形	遮罩圖形	生成圖形

提示詞：陽光明媚的室內休息區設有紅鶴的游泳池

8.4.1 edit 方法常用參數

透過 OpenAI 的 Images API 所提供的 edit() 方法，可以在來源圖形依照遮罩圖形指定區域，用自然語言生成圖形，目前僅支援 DALL·E 2 模型。

1. **image**：指定要編輯的圖形，為必要參數。圖形必須是 PNG 格式且尺寸為正方形，圖檔大小要小於 4MB。如果未提供遮罩，則影像必須具有透明度，該透明度將用作遮罩。

2. **prompt**：指定所需圖形內容的文字描述，為必要參數，最多為 1,000 個字元。

3. **mask**：指定遮罩的圖形，必須是 PNG 格式且尺寸大小和 image 的圖形相同，圖檔大小要小於 4MB。遮罩圖形中完全透明的區域（alpha 為零），就是 image 圖形要編輯的區域。

4. **model**：指定生成圖形的模型，目前只支援 'dall-e-2'。

5. **n**：指定生成圖形的數量。參數值 1～10 的整數，預設值為 1。

6. **size**：指定生成圖形的大小，參數值可指定為 '256x256'、'512x512' 或 '1024x1024'。

8.4.2 圖形編輯實作

以下將利用一個實作範例，詳細說明編輯圖形的步驟。

一. 準備來源圖形

利用以上程式所生成的圖片，下載儲存命名為 source.png，作為來源圖形。如果不是就要符合 image 參數的要求，必須使用 PNG 格式且尺寸為正方形 (此處為 1024×1024)，圖檔大小要小於 4MB。

二. 製作遮罩圖形

開啟小畫家 3D 繪圖軟體，開啟 source.png 檔。

1. **擦出遮罩範圍**：使用 橡皮擦 工具擦去要修改的區域。

2. **魔術選取**：點選 魔術選取 功能，然後按下一步，小畫家會自動選取
   範圍。加暗的部分就是去除的部分，也就是遮罩的範圍。可以使用
   新增 在加暗處畫線，來增加選取範圍也就是減少遮罩。可以使用
   移除 在亮處畫線，移除選取範圍來增加遮罩。本範例就是要選取
   整張圖，只有橡皮擦去除的部分不選取。完成圖形的選取和移除範圍
   後，按 完成 鈕。

3. **複製到新檔**：完成圖形的選取範圍後按 複製 鈕 📋，接著新增一個檔案，然後將所複製的圖形 貼上 📋。

4. **開啟畫布**：點選 畫布 工具 🔲，開啟透明畫布，不勾選 鎖定外觀比例，將畫布的寬度和高度都設為 1024 像素。

5. **儲存檔案**：完成後將圖檔 儲存 為 mask.png。

6. 使用小畫家 3D 繪圖軟體來製作遮罩並不太好用，可以改用其他繪圖軟體來製作。

三. 撰寫程式

完成來源圖形和遮罩圖形後，就可以來撰寫程式，檔名設為 Edit.ipynb。筆記本建立好之後，必須將 source.png 和 mask.png 圖檔上傳。

程式碼 FileName：Edit.ipynb

```
1-01 !pip install gradio
1-02 import gradio as gr

2-01 !pip install openai
2-02 import openai

3-01 def Paint(img_s,img_m,ask):
3-02   openai.api_key = 'OpenAIAPI金鑰'
3-03   response = openai.images.edit(
3-04       image=open('source.png','rb'),
3-05       mask=open('mask.png','rb'),
3-06       prompt=ask,
3-07       size='1024x1024'
3-08   )
3-09   return response.data[0].url

4-01 gr.Interface(
4-02     fn = Paint,
4-03     inputs = [gr.Image(label='來源圖片：',value='source.png',
                             height=128,width=128),
                   gr.Image(label='遮罩圖片：',value='mask.png',
                             height=128,width=128),
                   gr.Textbox(label='請輸入插入圖形的描述：')],
4-04     outputs = 'image'
4-05 ).queue().launch()
```

🔍 説明

1. 第 3-01~3-09 行：定義 Paint() 函式來處理 gradio 介面的元件值，ask 參數接受使用者輸入的圖形描述。函式處理過後傳回圖形的網址。

2. 第 3-03 行：使用 openai.images.edit() 方法呼叫 Images 服務編輯圖形，傳回值指定給 response 變數。

3. 第 3-04~3-05 行：使用 open 方法以二進制，分別讀取來源圖形和遮罩圖形到 image、mask 參數。

4. 第 3-06 行：ask 參數值設為使用者輸入的圖形描述。

5. 第 4-01~4-05 行：定義 Interface 物件，指定 Paint() 函式，建立兩個 Image 和一個 TextBox 為輸入元件，Image 為輸出元件，並發布部署。

執行結果

8.5 運用實例

📥 範例：

設計一個用自然語言生成圖片的程式。使用者可以輸入圖形的描述，選擇模型 (dall-e-3、dall-e-2)、尺寸 (A、B、C)、張數 (1~10)、品質 (standard、hd)、風格 (vivid、natural)，然後會依照設定顯示生成的圖片。當模型為 dall-e-3 時，尺寸 A=1024x1024、B=1792x1024、C=1024x1792；為 dall-e-2 時，A = 1024x1024、B = 512x512、C = 256x256。

執行結果

程式碼　FileName : Images.ipynb

```
1-01 !pip install gradio
1-02 import gradio as gr

2-01 !pip install openai
2-02 import openai

3-01 def Paint(ask,u_model,u_size,u_n,u_quality,u_style):
3-02    openai.api_key = 'OpenAIAPI金鑰'
3-03    if u_model=='dall-e-3':
3-04      u_n=1
```

```
3-05       if u_size=='A':
3-06         u_size='1024x1024'
3-07       elif u_size=='B':
3-08         u_size='1792x1024'
3-09       else:
3-10         u_size='1024x1792'
3-11     else:
3-12       if u_size=='A':
3-13         u_size='1024x1024'
3-14       elif u_size=='B':
3-15         u_size='512x512'
3-16       else:
3-17         u_size='256x256'
3-18     response = openai.images.generate(
3-19         model=u_model,
3-20         prompt=ask,
3-21         size=u_size,
3-22         n=u_n,
3-23         quality=u_quality,
3-24         style=u_style
3-25     )
3-26     image_urls = []
3-27     i=0
3-28     while(i<len(response.data)):
3-29       image_urls.append(response.data[i].url)
3-30       i += 1
3-31     return image_urls
```

```
4-01 gr.Interface(
4-02   fn = Paint,
4-03   inputs = [gr.Textbox(label='請描述想畫圖形的內容：'),
4-04     gr.Radio(label='模型：',choices=['dall-e-3','dall-e-2'],
              value='dall-e-3'),
4-05     gr.Radio(label='尺寸：',choices=['A','B','C'],value='A'),
4-06     gr.Slider(label='張數：',minimum=1,maximum=10,step=1,
              value=1),
```

```
4-07     gr.Radio(label='品質：',
                choices=['standard','hd'],value='standard'),
4-08     gr.Radio(label='風格：',
                choices=['vivid','natural'],value='vivid')],
4-09  outputs = 'gallery'
4-10 ).queue().launch()
```

☌ 説明

1. 第 3-01~3-31 行：定義 Paint() 函式來處理 gradio 介面的元件值，ask、u_model、u_size、u_n、u_quality、u_style 參數，分別接受使用者輸入的圖形描述、模型、尺寸、張數、品質和風格資料。函式處理過後傳回圖形網址的串列。

2. 第 3-03~3-17 行：為選擇結構根據所選擇的模型和尺寸，設定 u_size 值。另外當模型為 dall-e-3 時，因為只能生成一張圖片，所以設 u_n=1。

3. 第 3-18~3-25 行：使用 openai.images.generate() 方法呼叫 Images 服務生成圖形，將使用者的設定值指定給相對的參數，然後將傳回值指定給 response 變數。

4. 第 3-26~3-31 行：定義 image_urls 為串列，然後使用 while 迴圈逐一將圖片的網址，用 append() 方法加入串列。最後 Paint() 函式傳回 image_urls 值。

5. 第 4-01~4-10 行：定義 Interface 物件，指定 Paint() 函式，建立一個 TextBox、一個 Slider 和四個 Radio 為輸入元件，Gallery 為輸出元件，並發布網站部署。

6. 第 4-05 行：因為尺寸會因為模型而有不同的值，所以在此用 A ～ C 代表，而後在 Paint() 函式中再做轉換。另外，增加 info 屬性指定說明文字可以讓介面更加清楚。

7. 第 4-06 行：張數為 1 ～ 10 數值，使用 Slider 元件輸入可以避免錯誤。

8. 第 4-07~08 行：此處選項使用英文單字，若使用者不易了解可以改用中文選項，然後在 Paint() 函式中再做轉換，如此能讓介面更加親切。

電腦視覺

9.1 認識 GPT-4o 的視覺功能

9.1.1 GPT-4o 視覺功能簡介

OpenaAI 公司推出最新的 GPT-4o 版本是目前的旗艦版，和前一版 GPT-4 Turbo 一樣具有視覺功能，不但效率更高而且價格更低。GPT-4o 是 OpenAI 所開發的大型語言模型 (LMM)，該模型同時提供自然語言處理和電腦視覺 (Vision) 解析兩大功能，可分析圖像 (image) 並以文字回答該圖像的相關問題。GPT-4o 打破語言模型僅專注於文字的限制，實現更高階的電腦視覺圖像解析。GPT-4o 模型可以回答針對圖像中的一般問題，例如圖像中物件的識別、物件的顏色、物件的數量、描述圖像的內容、光學字元辨識 (OCR)、手寫文字辨識、給予圖像適當的標籤…等，甚至可根據食材的圖像，給予適當的食譜建議。

要使用電腦視覺功能來解析圖像時，可以透過 GPT-4o 的 Chat Completions API 來取得 OpenAI 的視覺服務。雖然目前 gpt-4o 模型仍可能會有一些不足，例如：不能解釋專業醫學影像、相似顏色的識別、圖

像中物件間相對位置的描述、無法處理全景和魚眼圖像、非拉丁語系的
文字識別率稍差、會壓縮圖檔使圖像的解析度變差…等。雖然仍有進步
的空間，但是就整體表現而言已經是電腦視覺能力的大躍進。

9.1.2 GPT-4o 模型視覺收費標準

使用 GPT-4o 模型處理圖像的電腦視覺，其收費分成文字和圖像兩
個部分。文字部分是依照 tokens 的數量來收費，目前官網所公告 gpt-
4o-2024-05-13 模型的收費標準標，輸入時每 1M tokens 美金 5 元 (約台
幣 160 元)；輸出時每 1M tokens 美金 15 元 (為約台幣 480 元)。

圖像部分則依照尺寸大小、解析度和張數來收費，每張圖像最大為
20 MB。模型預設低解析度圖像尺寸為 512×512 像素，不論尺寸大小低
解析度圖像，每張都為美金 0.000425 元 (約為台幣 0.013 元)。高解析度
圖像短邊應小於 768 像素，長邊應小於 2048 像素，如果超過時會依比
例壓縮。例如 512×512 高解析度圖像不會壓縮，每張美金 0.001275 元
(約為台幣 0.0385 元)；1024×1024 高解析度圖像會壓縮為 768×768，每
張美金 0.003825 元 (約為台幣 0.115 元)；2048×1024 高解析度圖像會壓
縮為 1536×768，每張美金 0.005525 元 (約為台幣 0.165 元)；4096×8192
高解析度圖像會壓縮為 768×1536，每張仍然為美金 0.005525 元。詳細
收費標準可到官網查詢，網址為 https://openai.com/api/pricing。

9.2　電腦視覺功能解析圖像

透過 gpt-4o 模型和 Chat Completions API 來取得 OpenAI 的電腦視
覺服務，就可以對圖像進行解析。下面介紹 Chat Completions API 在使
用視覺功能時，常用的參數和說明。

9.2.1 電腦視覺功能常用參數

透過 OpenAI API 的 chat.completions 所提供的 create() 方法，可以解析圖像然後用自然語言回答指定的問題。

1. **model**：指定解析圖像的模型，為必要參數。設定值為 'gpt-4o' 指定採用 GPT-4o 版本，雖可指定為舊版，但新版又快又好而且更便宜。

2. **messages**：指定解析圖像時的相關資訊，為必要參數。資料型別為串列，其元素值資料型別為字典。元素值中必要的 鍵/值 說明如下：

(1) **'role'**：指定角色，值可以為 'user'、'system'、'assistant'，只有設定為 'user' 時才支援載入圖像。

(2) **'content'**：指定解析圖像時的資訊內容，資料型別為串列，其中的元素值資料型別為字典。其常用 鍵/值 說明如下：

① **'type'**：值為 'text' 時是指定型態為文字。

② **'text'**：要求模型的文字資訊，例如 'role' 為 'user' 時，就是使用者要求模型處理的相關訊息。

如果 'type' 鍵的值為 'image_url' 時，其常用 鍵/值 說明如下：

① **'type'**：值為 'image_url' 時是指定型態為圖像的網址。支援的圖像格式為 PNG (.png)、JPEG (.jpeg、.jpg)、WEBP (.webp) 和 GIF (.gif，不含動畫)。

② **'image_url'**：指定圖檔的相關資訊，資料型別為字典，其常用 鍵/值 說明如下：

❶ **'url'**：值為圖像所在的網址或是 base64 編碼的圖像資料。

❷ **'detail'**：指定圖檔的解析度，值可以為 'low'、'high' 或 'auto'。預設值為 'auto'，模型會依照圖像大小自動決定採用的解析度。值為 'low' 時，模型將採用低解析度圖像

(512×512 像素)，模型處理速度快而且價格也最便宜。值為 'high' 時，模型將採用高解析度圖像。

3. **max_tokens**：指定可使用最多的 tokens 數量。

🔽 **範例：**

顯示一個來自網路的圖像，然後由 OpenAI API 來描述圖像的內容。

執行結果

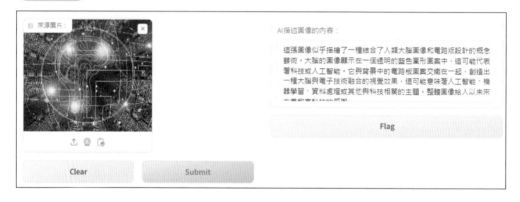

程式碼 FileName : Vision_1.ipynb

```
1-01 !pip install gradio
1-02 import gradio as gr


2-01 !pip install openai
2-02 import openai


3-01 image_url='https://upload.wikimedia.org/wikipedia/commons/
     thumb/4/42/Artificial-Intelligence.jpg/800px-Artificial-
     Intelligence.jpg'
3-02 def Vision(img):
3-03   openai.api_key = 'OpenAIAPI 金鑰'
3-04   response = openai.chat.completions.create(
3-05   model = 'gpt-4o',
3-06   messages = [
3-07     {
```

```
3-08              'role':'user',
3-09              'content':[
3-10                  {'type':'text','text':'圖像中有甚麼?'},
3-11                  {'type':'image_url','image_url':{'url':image_url}}
3-12              ]
3-13          }
3-14      ],
3-15      max_tokens = 300
3-16  )
3-17  return response.choices[0].message.content
```

```
4-01 gr.Interface(
4-02    fn = Vision,
4-03    inputs = gr.Image(label='來源圖片:',value=image_url,
                          height=256,width=256),
4-04    outputs = gr.Textbox(label='AI 描述圖像的內容:')
4-05 ).queue().launch()
```

說明

1. 第 3-01 行:宣告 image_url 變數儲存來自維基百科圖像的網址。

2. 第 3-02~3-17 行:定義 Vision() 函式來處理 gradio 介面的元件值,處理過後傳回視覺解析的結果。

3. 第 3-04 行:使用 openai.chat.completions.create() 方法呼叫 Chat 聊天服務,傳回值指定給 response 變數。

4. 第 3-05 行:設 model 參數值為 ' gpt-4o ',指定使用 GPT-4o 模型。

5. 第 3-06~3-14 行:設 messages 參數值指定對 GPT-4o 模型的相關要求。

6. 第 3-08 行:設定角色為使用者 (user)。

7. 第 3-09~3-12 行:設定解析圖像時的資訊內容。

8. 第 3-10 行:設定使用者要求模型處理的相關訊息,提示詞為「圖像中有甚麼?」,請模型描述圖像的內容。

9. 第 3-11 行:以網址方式設定圖像的來源。

10. 第 3-15 行：設定最多的 tokens 為 300。

11. 第 3-17 行：create() 方法的傳回值中，choices 為串列要取得其中 AI 的回應，寫法為：「response.choices[0].message.content」。

12. create() 方法的傳回值 response 完整內容如下：

```
ChatCompletion(id='chatcmpl-9...',
choices=[Choice(finish_reason='stop', index=0, logprobs=None,
message=ChatCompletionMessage(content='這張圖像展示了一個科技主題的圖
案,...,給人一種未來科技和人工智慧的感覺。', role='assistant',
function_call=None, tool_calls=None))], created=1715702503,
model='gpt-4o-2024-05-13', object='chat.completion',
system_fingerprint='fp_927397958d',
usage=CompletionUsage(completion_tokens=88, prompt_tokens=779,
total_tokens=867))
```

13. 第 4-01~4-05 行：定義 gradio 的 Interface 物件，指定 Vision() 函式，建立 Image 為輸入元件圖像來源為網址，TextBox 為輸出元件，並發布網站部署。

9.2.2 載入本機圖像

上面範例的圖像來源為網路網址，如果要處理本機的圖像時，就可將圖像用 Base64 編碼格式編碼成為字串後傳遞給模型。Base64 是使用 64 個可列印的字元來表示二進位資料的一種方法，方便在網路傳輸，通常用來處理傳輸、儲存複雜的文字、圖像…等資料。如果需要長時間運行，官網建議採用 URL 傳遞圖像效率比 base64 佳。另外，自行先將圖像縮小到模型預設的尺寸，也可以提高模型的回覆速度。

使用 Base64 編碼格式編碼時，要先載入 base64 套件。讀取圖檔後，可以使用 b64encode() 方法進行 Base64 編碼。程式碼如下：

```
01 import base64
02 img_path = '圖像檔名含路徑'
03 with open(img_path, 'rb') as f:      # 以二進制方式讀取檔案
04    image_data = f.read()             # 讀取圖檔
```

```
05    # 使用 b64encode() 方法進行 Base64 編碼，成為字串 base64_data
06    base64_data = base64.b64encode(image_data).decode('utf-8')
```

指定 POST 請求的標頭以符合 OpenAI API 的要求，程式碼如下：

```
01 headers = {
02    "Content-Type": "application/json",    # 設定內容類型為 JSON
      "Authorization": f"Bearer {api_key}"   # 在請求標頭中加入 API 金鑰
03 }
```

用字典格式指定對模型要求的相關訊息，程式碼如下：

```
01 payload = {
02    "model": "gpt-4o",            # 使用模型名稱
03    "messages": [                 # 訊息串列
04      {
05        "role": "user",           # 角色設為使用者
06        "content": [              # 內容串列
07          {"type": "text","text": "提問內容"},
08          {"type": "image_url",
           "image_url": {"url": f"data:image/jpeg;
                        base64,{圖像 base64 字串}"}}
09        ]
10      }
11    ],
12    "max_tokens": 300             # 最大生成的 token 數量
13 }
```

發送 POST 請求到 OpenAI 的 API，其中包含標頭 headers，和對模型要求的字典 payload，模型傳回值指定給 response，程式碼如下：

```
01 response = requests.post("https://api.openai.com/v1/chat/
           completions",headers=headers,json=payload)
```

⬇ **範例：**

使用者可以將本機中圖檔拖曳到左邊「來源圖片」處，或以檔案總管開啟檔案，然後按下 Submit 鈕，會在右邊顯示 OpenAI API 描述圖像的文字內容。

（執行結果）

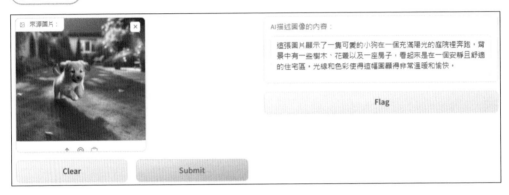

（程式碼） FileName : Base64.ipynb

```
1-01 !pip install gradio
1-02 import gradio as gr

2-01 !pip install openai
2-02 import openai

3-01 import base64
3-02 import requests

4-01 def EncodeImage(image_path):
4-02   with open(image_path, "rb") as image_file:
4-03     return base64.b64encode(image_file.read()).decode('utf-8')

5-01 def Vision(image):
5-02   api_key = "OpenAIAPI 金鑰"
5-03   base64_image = EncodeImage(image)
5-04   headers = {
```

```
5-05        "Content-Type": "application/json",
5-06        "Authorization": f"Bearer {api_key}"
5-07    }
5-08    payload = {
5-09        "model":"gpt-4o",
5-10        "messages":[
5-11          {
5-12            "role":"user",
5-13            "content": [
5-14              {"type":"text","text":"圖像中有甚麼?"},
5-15              {"type":"image_url",
                  "image_url":{"url": f"data:image/jpeg;
                              base64,{base64_image}"}}
5-16            ]
5-17          }
5-18        ],
5-19        "max_tokens": 300
5-20    }
5-21    response = requests.post("https://api.openai.com/v1/chat
                  /completions",headers=headers,json=payload)
5-22    dictRes = response.json()          #傳回值轉為字典
5-23    return dictRes['choices'][0]['message']['content']
```

```
6-01 gr.Interface(
6-02    fn = Vision,
6-03    inputs = gr.Image(label='來源圖片：',sources='upload',
                          type='filepath',width=256,height=256),
6-04    outputs = gr.Textbox(label='AI 描述圖像的內容：')
6-05 ).queue().launch()
```

説明

1. 第 3-01~3-02 行：引入 base64 套件用於圖像的編碼和解碼，以及 requests 套件用來發送 HTTP 請求。

2. 第 4-01~4-03 行：定義 EncodeImage() 函式，會以二進制模式打開圖像 檔案 image_path，將其編碼為 base64 字串然後回傳。

3. 第 5-01~5-23 行：定義 Vision() 函式來處理 gradio 介面的元件值，處理過後傳回視覺解析的結果。

4. 第 5-14 行：提示詞為「圖像中有甚麼？」，請模型描述圖像的內容。

5. 第 5-22 行：將 API 回應的回傳值 response，使用 json() 方法轉為字典格式 dictRes。response 的完整內容如下：

```
{'id': 'chatcmpl-9...', 'object': 'chat.completion', 'created':
1715699273, 'model': 'gpt-4o-2024-05-13', 'choices': [{'index':
0, 'message': {'role': 'assistant', 'content': '圖像中有一隻小狗
在草地上奔跑,...,環境豔麗而充滿生氣。'}, 'logprobs': None,
'finish_reason': 'stop'}], 'usage': {'prompt_tokens': 779,
'completion_tokens': 60, 'total_tokens': 839},
'system_fingerprint': 'fp_927397958d'}
```

6. 第 5-23 行：傳回字典格式 dictRes 中 AI 回應的 'content' 內容，程式寫法如下：

```
return dictRes['choices'][0]['message']['content']
```

7. 第 6-01~6-05 行：定義 gradio 的 Interface 物件，指定 Vision() 函式，建立 Image 為輸入元件，TextBox 為輸出元件，並發布網站部署。

8. 第 6-03 行：輸入元件 Image 的 **sources 參數設為 'upload'**，表圖檔來源為上傳 (拖曳或以檔案總管開啟)；**type 參數設為 'filepath'**，表元件值為圖像的檔名 (含路徑)，以便傳給 Vision() 函式讀取圖檔。

9.2.3 解析多張圖像

Chat Completions API 也可以同時接收並處理多個圖像，GPT-4o 模型會處理每張圖像並使用所有圖像的資訊來回答問題。輸入圖像的格式可以採用圖像的 URL 或 Base64 編碼的圖像資料。

在 Chat Completions API 的 create() 方法中同時輸入多個圖像，以用圖像的 URL 為例，程式碼寫法如下：

```
01 response = openai.chat.completions.create(
02   model = "gpt-4o",
```

```
03  messages = [
04    {
05      'role':'user',
06      'content':[
07        {'type':'text','text':'提示詞'},
08        {'type':'image_url','image_url':{'url': '第 1 張圖網址'}},
09        {'type':'image_url','image_url':{'url': '第 2 張圖網址'}},
10        …
11        {'type':'image_url','image_url':{'url': '第 n 張圖網址'}},
12      ]
13    }
14  ],
15  max_tokens = 300
16  )
```

📥 **範例：**

顯示兩張來自網路的圖像，然後由 OpenAI API 來分別描述圖像的內容以及兩者的差異。

執行結果

程式碼 FileName : Vision_2.ipynb

```
1-01 !pip install gradio
1-02 import gradio as gr


2-01 !pip install openai
2-02 import openai


3-01 image_url1 = 'https://upload.wikimedia.org/wikipedia/commons/
                  thumb/4/47/American_Eskimo_Dog.jpg/
                  200px-American_Eskimo_Dog.jpg'
3-02 image_url2 = 'https://upload.wikimedia.org/wikipedia/commons/
                  thumb/a/a1/Samoyed_600.jpg/200px-Samoyed_600.jpg'
3-03 def Vision(img1,img2):
3-04   openai.api_key = 'OpenAIAPI 金鑰'
3-05   response = openai.chat.completions.create(
3-06     model = "gpt-4o",
3-07     messages = [
3-08       {
3-09         'role':'user',
3-10         'content':[
3-11           {'type':'text','text':'簡介圖像中的動物以及兩者的差異'},
3-12           {'type':'image_url','image_url':{'url':image_url1}},
3-13           {'type':'image_url','image_url':{'url':image_url2}}]
3-14       }
3-15     ],
3-16     max_tokens = 300
3-17   )
3-18   return response.choices[0].message.content


4-01 gr.Interface(
4-02   fn = Vision,
4-03   inputs = [
4-04     gr.Image(label='圖片 1：',value=image_url1,
                 height=256,width=256),
4-05     gr.Image(label='圖片 2：',value=image_url2,
                 height=256,width=256)
4-06   ],
```

```
4-07    outputs = gr.Textbox(label='AI 描述：')
4-08 ).queue().launch()
```

◌ 説明

1. 第 3-01~3-02 行：定義 image_url1、image_url2 兩變數，其中存放兩張
   來自維基百科圖像的網址。

2. 第 3-03~3-18 行：定義 Vision() 函式來處理 gradio 介面的元件值，處理
   過後傳回視覺解析的結果。

3. 第 3-11 行：提示詞為「簡介圖像中的動物以及兩者的差異」，請模型
   描述圖像內容和差異。

4. 第 3-12~3-13 行：輸入兩個圖像的 URL。

5. 第 4-01~4-08 行：定義 gradio 的 Interface 物件，指定 Vision() 函式，建
   立兩個 Image 元件分別顯示圖像，TextBox 為輸出元件，並發布網站部
   署。

9.3　運用實例

◌ 範例：

設計一個網頁程式碼產生器程式。使用者將網頁設計草圖拖曳到輸
入區，按下 Submit 鈕就會產生網頁的程式碼。

執行結果

程式碼 FileName : WebPage.ipynb

```
1-01 !pip install gradio
1-02 import gradio as gr

2-01 !pip install openai
2-02 import openai

3-01 import base64
3-02 import requests

4-01 def EncodeImage(image_path):
4-02   with open(image_path, "rb") as image_file:
4-03     return base64.b64encode(image_file.read()).decode('utf-8')

5-01 def Vision(image):
5-02   api_key = "OpenAIAPI 金鑰"
5-03   base64_image = EncodeImage(image)
5-04   headers = {
5-05     "Content-Type": "application/json",
5-06     "Authorization": f"Bearer {api_key}"
5-07   }
5-08   payload = {
5-09     "model":"gpt-4o",
5-10     "messages":[
5-11       {
```

```
5-12            "role":"user",
5-13            "content": [
5-14               {"type":"text","text":"圖像為網頁設計草圖，請用 HTML,CSS
                             和 JavaScript 寫出程式碼"},
5-15               {"type":"image_url",
                      "image_url":{"url": f"data:image/jpeg;
                                base64,{base64_image}"}}
5-16            ]
5-17         }
5-18      ],
5-19      "max_tokens": 1000
5-20    }
5-21    response = requests.post("https://api.openai.com/v1/chat
                  /completions",headers=headers,json=payload)
5-22    dictRes = response.json()
5-23    return dictRes['choices'][0]['message']['content']


6-01 gr.Interface(
6-02    fn = Vision,
6-03    inputs = gr.Image(label='網頁草圖：',sources='upload',
                          type='filepath', width=256,height=256),
6-04    outputs = 'text',
6-05    title = '網頁程式碼產生器'
6-06 ).queue().launch()
```

說明

1. 第 4-01~4-03 行：定義 EncodeImage() 函式將指定路徑的 image_path 圖像，以二進制模式打開圖檔，將其編碼為 base64 字串然後回傳。

2. 第 5-1~5-23 行：定義 Vision() 函式來處理 gradio 介面的元件值，處理過後傳回視覺解析的結果。

3. 第 5-3 行：呼叫 EncodeImage() 函式處理 Image 元件所指定的 image。

4. 第 5-14 行：提示詞為「圖像為網頁設計草圖，請用 HTML,CSS 和 JavaScript 寫出程式碼」，請模型依照草圖輸出網頁程式碼。

5. 第 5-19 行：將 max_tokens 參數增加到 1000，以容許更多的輸出內容。

📥 **範例：**

設計一個食物熱量估算程式。使用者使用網路攝影機 (webcam) 拍攝食物到輸入區，按下 Submit 鈕就會說明食物內容以及熱量。

（執行結果）

（程式碼）FileName：Cal.ipynb

```
1-01 !pip install gradio
1-02 import gradio as gr


2-01 !pip install openai
2-02 import openai
```

```
3-01 import base64
3-02 import requests
3-03 import io

4-01 def SaveImage(pil):
4-02     byte_arr = io.BytesIO()
4-03     pil.save(byte_arr,format='PNG')
4-04     return base64.b64encode(byte_arr.getvalue()).decode('utf-8')

5-01 def Vision(image):
5-02     api_key = "OpenAIAPI 金鑰"
5-03     base64_image = SaveImage(image)
5-04     headers = {
5-05         "Content-Type": "application/json",
5-06         "Authorization": f"Bearer {api_key}"
5-07     }
5-08     payload = {
5-09         "model":"gpt-4o",
5-10         "messages":[
5-11             {
5-12                 "role":"system",
5-13                 "content":"你是一位專業的營養師"
5-14             },
5-15             {
5-16                 "role":"user",
5-17                 "content": [
5-18                     {"type":"text","text":"以少於 20 字說明圖像中食物,並估計
                            熱量為多少大卡?輸出格式為 1.說明：食物說明,2.熱量：
                            0.0 kcal,圖像非食物時輸出:無法估算"},
5-19                     {"type":"image_url",
                            "image_url":{"url": f"data:image/jpeg;
                                    base64,{base64_image}"}}
5-20                 ]
5-21             }
5-22         ],
```

```
5-23      "max_tokens": 300
5-24    }
5-25    response = requests.post("https://api.openai.com/v1/chat
                    /completions",headers=headers,json=payload)
5-26    dictRes = response.json()
5-27    return dictRes['choices'][0]['message']['content']


6-01 gr.Interface(
6-02    fn = Vision,
6-03    inputs = gr.Image(label='食物：',sources='webcam',type='pil',
                    width=256,height=256),
6-04    outputs = gr.Textbox(label='熱量：'),
6-05    title='食物熱量估算'
6-06 ).queue().launch()
```

⌕ 説明

1. 第 3-03 行：引入 io 套件。

2. 第 4-01~4-04 行：定義 SaveImage() 函式可以將 PIL 圖像，編碼為 base64 字串回傳。

3. 第 4-02~4-03 行：將 PIL 格式圖像 pil 轉換為二進位資料串流 byte_arr。

4. 第 4-04 行：將二進位資料串流 byte_arr，編碼為 base64 字串後回傳。

5. 第 5-01~5-27 行：定義 Vision() 函式來處理 gradio 介面的元件值，處理過後傳回視覺解析的結果。

6. 第 5-03 行：呼叫 SaveImage() 函式將 Image 元件所傳入的 PIL 圖像 image，轉換為 base64 字串。

7. 第 5-12~5-13 行：指定角色為 "system"，在 content 中要求模型扮演一位專業的營養師。

8. 第 5-18 行：提示詞為「以少於 20 字說明圖像中食物，並估計熱量為多少大卡？輸出格式為 1.說明：食物說明,2.熱量：0.0 kcal，圖像非食物時輸出：無法估算」，請模型依照指定的格式輸出食物說明和熱量。提示詞中使用幾個指定輸出格式的技巧：

① 指定輸出文字長度：「以少於 20 字說明圖像中食物」。

② 指定條列式輸出：「格式為 1.說明：食物說明,2.熱量：0.0 kcal」。

③ 指定數字的格式：「0.0 kcal」指定計算到小數一位。

④ 指定錯誤時輸出：「圖像非食物時輸出：無法估算」。

9. 第 6-03 行：設定 Image 元件的 sources 參數為 ' webcam '，表圖檔的來源為網路攝影機，就是使用攝影機拍攝照片。type 參數為 'pil'，表元件傳出的格式為 PIL 格式圖檔。

範例：

設計一個故事生成器程式。使用者將兩張圖檔拖曳到輸入區，可以由下拉式清單中選擇「溫馨」、「寓言」、「童話」、「趣味」或「懸疑」風格，由滑桿選擇 50 ~ 1000 的字數，然後按下 Submit 鈕就會生成指定條件的故事。

執行結果

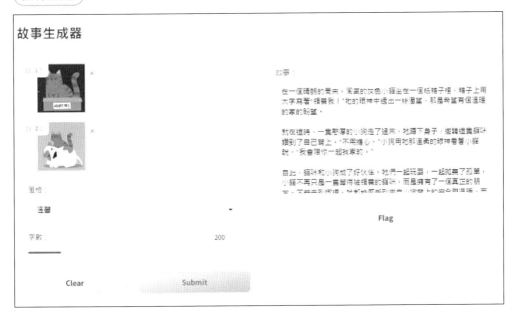

程式碼 FileName : Story.ipynb

```
1-01 !pip install gradio
1-02 import gradio as gr


2-01 !pip install openai
2-02 import openai


3-01 import base64
3-02 import requests


4-01 def EncodeImage(image_path):
4-02   with open(image_path, "rb") as image_file:
4-03     return base64.b64encode(image_file.read()).decode('utf-8')


5-01 def Vision(image):
5-02   api_key = "OpenAIAPI 金鑰"
5-03   base64_image_1 = EncodeImage(img1)
5-04   base64_image_2 = EncodeImage(img2)
5-05   headers = {
5-06     "Content-Type": "application/json",
5-07     "Authorization": f"Bearer {api_key}"
5-08   }
5-09   payload = {
5-10     "model":"gpt-4o",
5-11     "messages":[
5-12       {
5-13         "role":"user",
5-14         "content": [
5-15           {"type":"text","text":f"使用繁體中文根據兩張圖像創作約
                      {num}字數{style}風格的故事"},
5-16           {"type":"image_url",
                "image_url":{"url": f"data:image/jpeg;
                            base64,{base64_image_1}"}},
5-17           {"type":"image_url",
                "image_url":{"url": f"data:image/jpeg;
                            base64,{base64_image_2}"}}
5-18         ]
```

```
5-19        }
5-20    ],
5-21    "max_tokens": int(num*2.5)
5-22 }
5-23 response = requests.post("https://api.openai.com/v1/chat
              /completions",headers=headers,json=payload)
5-24 dictRes = response.json()
5-25 return dictRes['choices'][0]['message']['content']


6-01 gr.Interface(
6-02   fn = Vision,
6-03   inputs = [
6-04       gr.Image(label='1：',sources='upload',
                type='filepath', width=96,height=96),
6-05       gr.Image(label='2：',sources='upload',type='filepath',
                width=96,height=96),
6-06       gr.Dropdown(['溫馨','寓言','童話','趣味','懸疑'],
                label='風格：',value=0),
6-07       gr.Slider(label='字數：',minimum=50,maximum=1000,
                value=200)
6-08   ],
6-09   outputs = gr.Textbox(label='故事：'),
6-10   title = '故事生成器'
6-11 ).queue().launch()
```

説明

1. 第 5-01~5-25 行：定義 Vision() 函式來處理 gradio 介面的元件值，處理過後傳回生成的故事。

2. 第 5-03~5-04 行：呼叫 EncodeImage() 函式將 gradio 介面傳入的 img1、img2 參數，將本機檔案轉為 base64 格式的字串。

3. 第 5-15 行：提示詞為「使用繁體中文根據兩張圖像創作約{num}字數{style}風格的故事」，請模型使用繁體中文依照指定的字數和風格生成故事。其中 {num} 和 {style} 值，分別由 gradio 介面的 (第 6-07 行) Slider 和 (第 6-06 行) Dropdown 元件傳入。

4. 第 5-16~5-17 行：傳入兩張 base64 格式的圖檔。

5. 第 5-21 行：因為每個繁體中文字約耗費 2.03 tokens，所以將最大 tokens 數設為 int(num * 2.5)，以避免 tokens 數太少造成傳回值被截斷。

6. 第 6-04~6-05 行：設定 Image 元件的 sources 參數為 'upload'，表示圖檔的來源為檔案上傳，就是用拖曳或是檔案總管開啟方式指定圖檔。type 參數為 'filepath'，表示元件傳出的格式為圖檔的檔名和路徑。

7. 第 6-06 行：設定 Dropdown 元件的清單項目為 '溫馨'、'寓言'、'童話'、'趣味' 和 '懸疑'，並設 value 參數為 0 指定預設值為「溫馨」。

8. 第 6-07 行：設定 Slider 元件的最小值為 50、最大值為 1000、預設值為 200。

CHAPTER

語音 API

10

10.1 認識語音 API

10.1.1 語音 API 簡介

　　語音是人與人進行溝通的最主要工具，所以若能以口語和人工智慧系統進行互動，是最簡易且最直接的人機介面。例如：當我們要出門上學時，直接和數位助理說「我要上學了。」數位助理可能會回答「今天下午的下雨機率為百分之九十，請隨身攜帶雨具。」這樣的人機互動模式，將大幅度的降低使用者的操作門檻，真正達成「簡單到連三歲小孩都會用的」的目標。

　　人工智慧系統若要達到這樣的目標，必需具備下列兩種功能：

● 語音辨識 — 偵測及解譯語音。

● 語音合成 — 生成語音輸出。

10.2 語音 API

10.2.1 語音合成 API

語音合成 (Text-To-Speech，簡稱 TTS)是將文字轉換成模擬人類發音的語音，再從輸出裝置 (例如：喇叭、耳機) 輸出或儲存成音訊檔案。

語音合成是一組人工智慧模型，可將文字轉換成為近似人聲的語音。使用「語音合成 API」時，開發者只要依照自身需求設定下列的參數，即可生成語音檔。

1. **model (模型)**：
   語音合成 API 提供了兩種不同的模型，開發者可依據需求擇一使用，此為必須要設定的參數。

模型	說明	備註
tts-1	文字轉語音	生成速度最佳化
tts-1-hd	文字轉語音 HD	品質最佳化

2. **voice (語音類型)**：
   指定所生成的語音檔使用何種語音，有 alloy、echo、fable、onyx、nova、shimmer 可供開發者選用，此為必須要設定的參數。

3. **input (語音文本)**：
   指定所生成的語音檔的內容，資料格式為字串，最大長度為 4,096 個字元，此為必須要設定的參數。

4. **response_format (輸出格式)**：
   指定所生成的語音檔案格式。語音合成 API 能支援的檔案格式：

輸出格式	說明
mp3	預設格式。
opus	適用於網路串流和通訊，低延遲。
aac	有損壓縮音訊格式，聲音品質優於 mp3 格式。
flac	無損壓縮音訊格式。
wav	無壓縮音訊格式，低延遲。
pcm	格式與 wav 格式相類似，無檔頭資訊。

5. **speed**（語音速度）：

指定所生成語音的說話速度，設定範圍為 0.25～4.0，預設值是 1.0。

在 OpenAI API 的「用戶使用規範」有要求，使用語音合成 API 時，為了避免用戶產生誤解，開發者應向最終用戶明確聲明，他們所聽到的 TTS 語音是人工智慧生成的，而非真人的聲音。

🔽 **範例：**

語音合成簡例。

程式碼 FileName : tts.ipynb

```
1-01 !pip install openai
1-02 import openai
1-03 openai.api_key = 'OpenAI API 金鑰'      # 金鑰
1-04 speech_file_path = 'speech.mp3'   # 語音檔檔名

2-01 response = openai.audio.speech.create(
2-02     model="tts-1",
2-03     voice="alloy",
2-04     input="陽明山國家公園內有十餘條登山步道，是一日遊的好去處。"
2-05 )
```

```
2-06 response.write_to_file(speech_file_path)
```

```
3-01 !ls
```
> sample_data   speech.mp3

⌕ 説明

1. 第 2-01~2-05 行：建立一個語音合成的端點，端點會傳回所生成的音訊資料。

2. 第 2-02 行：「model」模型參數，指定所使用語音合成模型為「tts-1」，即速度最佳化。

3. 第 2-03 行：「voice」語音選項，此範例指定使用「alloy」語音。

4. 第 2-04 行：「input」指定欲轉換為音訊的文本內容。

5. 第 2-06 行：將音訊串流儲存成檔案。

6. 第 3-01 行：以 linux 的指令 ls 來檢視語音檔是否已經產生。

Google Colab 是 Google 所開發的 Python 線上執行環境，當我們啟用 Google Colab 時，Google Colab 會為使用者配置一個虛擬空間。如果關閉 Google Colab 頁面，或是執行環境長時間無動作，則該虛擬空間會被回收。所以若要處理自己所錄製的語音檔，或是保存 OpenAI API 所生成的語音檔，就必需自行上傳或下載。

⬇ 範例：

接續前一範例，下載範例中所生成的語音檔。

程式碼 FileName：tts.ipynb
```
4-01 from google.colab import files
4-02 files.download(speech_file_path)
```
> Downloading "speech.mp3": ▭▭▭▭▭▭

⌕ 説明

1. 第 4-01 行：引入 google.colab 模組。

2. 第 4-02 行：使用 download() 方法下載檔案，指定欲下載的檔案名稱，執行本敘述時，會將檔案存放到瀏覽器預設的下載資料夾。

10.2.2 語音辨識 API

語音辨識 (Speech To Text，簡稱 STT) 是指人工智慧系統接受音頻訊號後，將其轉換成可處理的文字資料，也就是將語音轉譯成文字的服務。OpenAI API 的語音辨識模型稱為「Whisper」。Whisper 是以機器自我學習的方式，被輸入大量音訊資料所訓練而成的語音模型，可以執行多國語言的語音識別以及語音翻譯等任務。

使用「語音辨識 API」，可以將音訊檔案轉換成文字。API 支援以下的音訊格式：mp3、mp4、mpeg、mpga、m4a、wav、 webm。音訊檔的長度目前限制為 25 MB，如果你的音訊檔案大於 25 MB，請將音訊檔分割成數個符合規定長度的小檔案，或者轉換成壓縮音訊格式。

語音辨識 API 提供兩個語音轉文字端點：

● transcriptions — 將音訊轉錄為音訊所使用的語言文字。

● translations — 將音訊轉錄並且翻譯為英語文字。

使用語音辨識 API 來建立端點時，開發者可依照自身需求設定下列的參數。

1. **model (模型)：**
語音辨識 API 目前只有一種「whisper-1」模型可使用，雖然別無選擇，但是一定要設定此參數。

2. **file (檔案物件)**：

   指定要轉錄的音訊檔物件，語音辨識 API 目前支援的音訊檔格式有 flac、mp3、mp4、mpeg、mpga、m4a、ogg、wav、webm，此為必須要設定的參數。

3. **response_format (輸出格式)**：

   指定所輸出的文本格式，目前支援的文本格式有 json、text、srt、verbose_json、vtt，預設的輸出格式為 json。

4. **prompt (提示)**：

   用於提示轉錄風格或維繫前後文脈絡的文字，文字內容應與音訊檔主題一致。

5. **language (語言)**：

   音訊檔所使用的語言，用以提高辨識能力；語言列表請上網搜尋「ISO-639-1」。

6. **temperature (溫度)**：

   預設值為 0.0，參數值的範圍從 0.0 ~ 1.0。

7. **timestamp_granularities[] (時間戳記)**：

   設定記錄時間戳記，如果要設定此參數，response_format 必須設定為 verbose_json 格式。若使用時間戳記，所得的文本除了轉錄的內文外，還會同時記錄語音起始與結束時間。

 範例：

語音檔「speech.mp3」上傳簡例。

程式碼 FileName：stt.ipynb

```
1-01 !pip install openai
1-02 import openai
1-03 openai.api_key = 'OpenAI API 金鑰' # 金鑰
```

```
2-01 from google.colab import files
2-02 uploaded = files.upload()
```

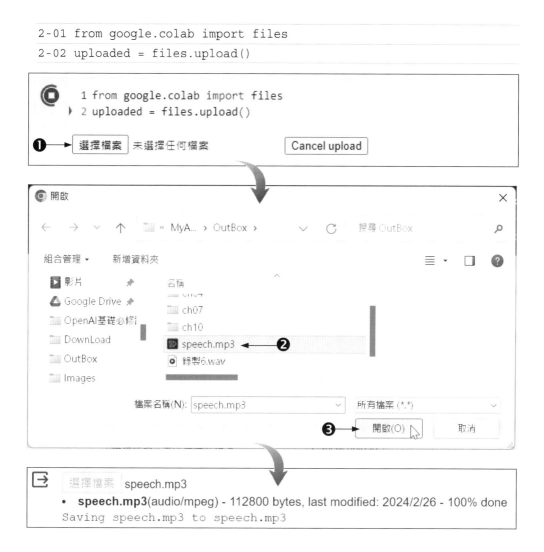

說明

1. 第 2-01 行：引入 google.colab 模組。

2. 第 2-02 行：使用 upload() 方法上傳檔案，執行本敘述時，會顯示如上圖所示的操作畫面，點按 選擇檔案 按鈕，開啟開檔對話框，選取欲上傳的檔案，將檔案上傳到 Colab 虛擬空間。若要放棄檔案上傳，請按 Cancel upload 按鈕。

此步驟請將前一個範例所生成的語音檔「speech.mp3」，由本地磁碟上傳到 stt.ipynb 工作空間。

範例：

接續前一範例，進行語音辨識。

程式碼 FileName : stt.ipynb

```
3-01 with open('speech.mp3', "rb") as audio_file:
3-02    transcript = openai.audio.transcriptions.create(
3-03      model='whisper-1',
3-04      file=audio_file,
3-05      response_format = 'text'
3-06    )
3-07
3-08 print(transcript)
```

陽明山國家公園內有十餘條登山步道是一日遊的好去處

說明

1. 第 3-01 行：以開啟二進制檔的模式讀取語音檔，檔案物件的名稱是「audio_file」。

2. 第 3-02~3-06 行：建立一個語音辨識的端點，將音訊轉錄為音訊所使用的語言文字，端點會回傳辨識結果。

3. 第 3-03 行：「model」指定語音辨識的模型使用「whisper-1」。

4. 第 3-04 行：「file」指定欲辨識的語音檔物件。

5. 第 3-05 行：「response_format」指定輸出格式為「text」。

6. 第 3-08 行：輸出語言文字的辨識結果。

⊙ 範例：

以 API 進行語音辨識並翻譯為英文。

程式碼 FileName : trans.ipynb

```
1-01 !pip install openai
1-02 import openai
1-03 openai.api_key = 'OpenAI API 金鑰'  # 金鑰

2-01 from google.colab import files
2-02 uploaded = files.upload()

3-01 with open('speech.mp3', "rb") as audio_file:
3-02   transcript = openai.audio.translations.create(
3-03     model="whisper-1",
3-04     file=audio_file,
3-05     response_format = 'text'
3-06   )
3-07
3-08 print(transcript)
```

⊡ There are more than 10 hiking trails in the National Park of Yangming Mountains, which is a good place to go on a one-day trip.

↻ 説明

1. 第 3-01 行：以開啟二進制檔的模式讀取語音檔，檔案物件的名稱是「audio_file」。

2. 第 3-02~3-06 行：建立一個語音翻譯的端點，辨識語音並將音訊轉錄並且翻譯為英語文字，端點會回傳翻譯結果。

3. 第 3-03 行：「model」指定語音辨識的模型使用「whisper-1」。

4. 第 3-04 行：「file」指定欲辨識的語音檔物件。

5. 第 3-05 行：「response_format」指定輸出格式為「text」。

6. 第 3-08 行：輸出翻譯為英語文字的結果。

10.3　語音 API 進階應用

10.3.1 SRT 字幕檔簡介

在 AI 尚未普及的年代，自媒體工作者要為影片上字幕，是一件非常辛苦又麻煩的差事。因為要一邊聽影片聲音內容一邊進行打字工作、校正字幕稿、對齊字幕顯示時間等⋯作業十分繁雜，而這些工作皆需依賴人力來處理，相當費時又耗工。

現在您可以借助人工智慧，將繁瑣的影片後製工程交由 OpenAI 來處理。OpenAI API 可辨識影片中的語音，同時加註時間戳記，最後再儲存成字幕檔。自媒體工作者只要校正字幕檔內容，即可完成上字幕的流程。

語音辨識 API 雖然可以設定輸出格式為帶時間戳記的 JSON 檔，但是若將輸出格式設定為 srt，讓 API 生成 SRT 字幕檔，也是不錯的選擇。因為 SRT 字幕檔擁有格式簡潔，容易修改、編輯等優點，而廣受好評。

SRT (SubRip Text)是一款影片字幕檔的格式，也有人稱呼這款字幕檔為「CC 字幕」，字幕檔的副檔名是 .srt。SRT 字幕檔亦被稱為「外掛字幕」，因為傳統字幕 (OC 字幕) 是重疊在影片中，但是 CC 字幕不會嵌入於影片上，也就是不論是更換語系或是修改內文，都不致於破壞影片的畫面。影片播放時，觀眾還能自由選擇顯示字幕或關閉字幕，所以如 YouTube 等多款影片播放器皆有支援 SRT 字幕檔。

SRT 字幕檔記錄了影片字幕的資訊，SRT 字幕檔的基本格式：

- 第一行：流水號 (從 1 開始，每一句字幕一個序號)
- 第二行：字幕時間起訖 (時:分:秒,毫秒)
- 第三行：字幕內文
- 第四行：空白行

10.3.2 自動生成 SRT 字幕檔

我們事先準備一個語音檔，讀者可以自己用錄音軟體簡單地錄製二～三句話，每句話之間相隔約 2~3 秒，或者直接使用本書範例所附的語音檔「錄製 6.wav」。該語音檔有三句話，其內容如下：

「很久很久以前 有一個老爺爺和一個老奶奶」、
「清晨的時候 老爺爺到山上砍柴 老奶奶到河邊洗衣服」、
「老奶奶洗衣服的時候 從河流上游漂來了一個大蘋果」

我們用下面的範例來辨識該語音檔，使生成 SRT 字幕檔。

🔽 範例：

辨識語音檔使生成 SRT 字幕檔。

程式碼 FileName：srt.ipynb

```
1-01 !pip install openai
1-02 import openai
1-03 openai.api_key = 'OpenAI API 金鑰'

2-01 from google.colab import files
2-02 uploaded = files.upload()
```

```
1 from google.colab import files
2 uploaded = files.upload()
```

❶ → 選擇檔案 未選擇任何檔案   Cancel upload

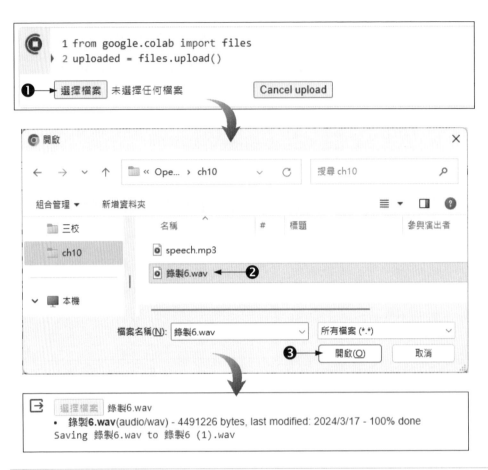

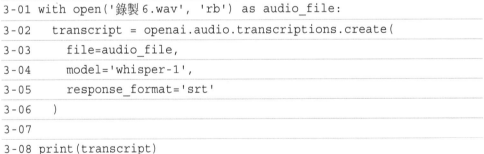

選擇檔案 錄製6.wav
• 錄製**6.wav**(audio/wav) - 4491226 bytes, last modified: 2024/3/17 - 100% done
Saving 錄製6.wav to 錄製6 (1).wav

```
3-01 with open('錄製6.wav', 'rb') as audio_file:
3-02   transcript = openai.audio.transcriptions.create(
3-03     file=audio_file,
3-04     model='whisper-1',
3-05     response_format='srt'
3-06   )
3-07
3-08 print(transcript)
```

```
➡  1
   00:00:00,000 --> 00:00:06,000
   很久很久以前,有一個老爺爺和一個老奶奶。

   2
   00:00:08,000 --> 00:00:15,000
   清晨的時候,老爺爺到山上砍柴,老奶奶到河邊洗衣服。

   3
   00:00:17,000 --> 00:00:23,000
   老奶奶洗衣服的時候,從河流上游飄來了一個大蘋果。
```

```
4-01 with open('錄製 6.srt', 'w') as srt_file:
4-02    srt_file.write(transcript)
4-03
4-04 files.download('錄製 6.srt')
```

➡ Downloading "錄製6.srt": ▭▭▭▭▭▭▭▭▭

↻ 說明

1. 第 2-01 行:引入 google.colab 模組。

2. 第 2-02 行:使用 upload 方法上傳檔案,請選取自製語音檔或本書範例隨附的語音檔「錄製 6.wav」上傳到 Colab 虛擬空間。

3. 第 3-01 行:以開啟二進制檔的模式讀取語音檔,檔案物件的名稱是「audio_file」。

4. 第 3-02～3-06 行:建立一個語音辨識的端點,端點會回傳辨識結果。

5. 第 3-03 行:「file」指定欲辨識的語音檔物件。

6. 第 3-04 行:「model」指定語音辨識的模型使用「whisper-1」。

7. 第 3-05 行:「response_format」指定辨識結果的格式為「srt」。

8. 第 3-08 行:輸出辨識結果,辨識度很高,僅第 3 段的「飄來」應該修改為「漂來」。

9. 第 4-01～4-02 行:將辨識結果儲存為檔案,檔案名稱是「錄製 6.srt」。

10. 第 4-04 行:將 SRT 字幕檔下載到瀏覽器預設的資料夾。

10.3.3 語音輸出對話程式

⬇ **範例：**

使用 gradio 介面製作一個簡易的聊天程式，操作者以文字輸入問題，系統會先向 AI 詢問解答，再以 TTS 生成語音回答該問題。

執行結果

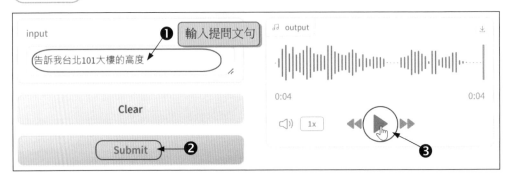

程式碼 FileName : v_chat.ipynb

```
1-01 !pip install openai
1-02 !pip install gradio
1-03 import gradio as gr
1-04 import openai
1-05 openai.api_key = 'OpenAI API 金鑰' # 金鑰

2-01 def vchar(input):
2-02   ask = openai.chat.completions.create(
2-03     model='gpt-3.5-turbo',
2-04     messages=[{'role':'user','content':input}],
2-05   )
2-06   ans = openai.audio.speech.create(
2-07     model='tts-1',
2-08     voice='alloy',
2-09     input=ask.choices[0].message.content
2-10   )
2-11   ans.write_to_file('ans.mp3')
```

```
2-12    return 'ans.mp3'

3-01 demo = gr.Interface(
3-02     fn = vchar,
3-03     inputs = 'text',
3-04     outputs = 'audio',
3-05     allow_flagging = 'never',
3-06 ).queue().launch()
```

↻ 説明

1. 第 3-01~3-06 行：建立 gradio 使用者介面，物件名稱為「demo」。

2. 第 3-02 行：定義處理函式為第 2-01 行的「vchar」函式。

3. 第 3-03 行：定義輸入欄位為文字。

4. 第 3-04 行：定義輸出欄位為影音。

5. 第 3-05 行：將「allow_flagging」設定為 'never'，表示取消「flag」按鈕顯示。

6. 第 3-06 行：執行 gradio 使用者介面。

7. 第 2-02~2-05 行：與 OpenAI 進行聊天對答。

8. 第 2-06~2-10 行：將 OpenAI 的回應轉換成語音。

9. 第 2-11 行：將 OpenAI 所生成的語音存檔。

10. 第 2-12 行：回傳檔案名稱，回傳值會由 gradio 使用者介面的輸出欄位接收。

OpenAI API
專題實戰

本章結合前面章節的學習內容，打造 OpenAI API 三個應用專題。

11.1 飯店客服機器人

在前面章節學習 OpenAI API 文本生成服務 (聊天服務)，可以發現優點是生成的文本自然流暢；但有時生成的文本會和真實世界的情況不符合，或是生成虛假的資訊。

若要打造符合真實世界相符的情況可透過下面常用的三種方式：

1. **更多訓練數據**：使用真實世界的訓練數據，可幫助模型更理解現實世界的情況，提高生成文本的真實性。缺點是收集和處理訓練數據會需要大量時間和資源，但不一定能完全解決模型的不真實性。

2. **Fine-tuning**：進行 Fine-tuning，針對特定領域或任務進行訓練，可使模型更加貼近真實世界的情況。Fine-tuning 需要額外的標註數據和計算資源，有可能會增加模型的過擬合風險。

3. **少樣本提示(Few-shot prompting)**：提供真實少量的數據樣本與提示
   (prompt) 給模型，來引導模型生成符合特定任務或要求輸出。優點
   在於能夠在少量樣本數據實現高效的模型微調，具有靈活性、通用
   性和快速調整的能力，同時可減少人力與適用各種任務。

本節專題即是使用 OpenAI API 文本生成服務與「少樣本提示(Few-shot prompting)」方式來製作「碁峰飯店」專屬的客服機器人。(真實世界上並不存在碁峰飯店，此為本書教學範例)

執行結果

使用者可向客服機器人詢問飯店的故事、人文記敘、房型價格、訂房說明、設備服務、行程推薦等內容。上述內容皆提供資訊讓 OpenAI API 理解。若詢問問題非飯店問題即顯示「請來電 0987654321, 洽林小姐」。執行如下圖：

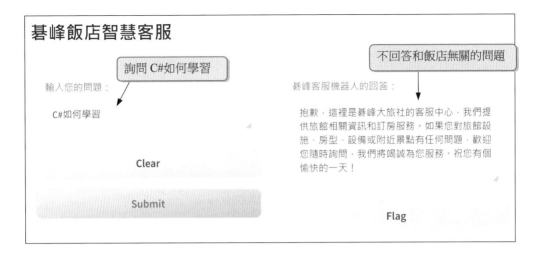

Step 01　建立筆記本，檔名為 **HotelChatServices.ipynb**：

Step 02　建立樣本提示檔：

將書附範例 ch11 資料夾下「飯店服務資訊.txt 」上傳，此檔內容包含飯店故事、人文記敘、房型價格、訂房說明、設備服務、行程推薦，用來當做飯店服務資訊的提示樣本，也就是客服機器人的回覆會被限制在「飯店服務資訊.txt 」的內容進行生成文本。(亦可放入真實世界飯店的資訊)

Step 03 撰寫 **HotelChatServices.ipynb** 程式碼：

程式碼 FileName : HotelChatServices.ipynb

```
1-01 !pip install gradio
1-02 import gradio as gr


2-01 !pip install openai
2-02 import openai


3-01 def fnChat(prompt):
3-02   # 指定飯店服務資訊.txt 給 hotel_info 變數
3-03   with open('飯店服務資訊.txt', 'r', encoding='utf-8') as file:
3-04     hotel_info = file.read()
3-05   # 金鑰
3-06   openai.api_key = 'OpenAIAPI 金鑰'
3-07   response = openai.chat.completions.create(
3-08     model = 'gpt-3.5-turbo',
3-09     stream = True,              # 設定流式傳輸生成回覆
3-10     messages = [
3-11       {'role':'system', 'content':f'你是飯店客服人員，請依
"{hotel_info}"提示回覆，並用繁體中文回覆。'},
3-12       {'role': 'user', 'content': prompt}
3-13     ]
3-14   )
3-15   for chunk in response:                # response 為可迭代物件
3-16     if chunk.choices[0].delta.content is not None:
3-17       yield chunk.choices[0].delta.content # 傳出片段回覆文本


4-01 def fnHotelChatServices(ask):
4-02   sentence = ''
4-03   for ans in fnChat(ask):
4-04     sentence += ans          # 累加片段文句
4-05     yield sentence
```

```
5-01 txtAsk = gr.Textbox(label='輸入您的問題：')
5-02 gr.Interface(
5-03     fn = fnHotelChatServices,
5-04     inputs = txtAsk,
5-05     outputs = gr.Textbox(label='碁峰客服機器人的回答：'),
5-06     title = '碁峰飯店智慧客服'
5-07 ).queue().launch(share=True)
```

說明

1. 第 3-01~3-17 行：此為客服文本生成函式。此函式只能傳回一次提問的文句。

2. 第 4-01~4-05 行：逐一呼叫 fnChat()函式，使回覆的累加片段文句可以完整呈現。

3. 第 3-03~3-04 行：讀取「飯店服務資訊.txt」內容放入 hotel_info，hotel_info 用來當做客服文本生成的樣本。

4. 第 3-11 行：將系統角色設為飯店客服人員，並提供提示樣本 hotel_info，使回覆的答案較能符合真實情況。

11.2　考卷產生器

　　OpenAI API 服務的應用不限只是使用聊天進行文字成生，而是可應用在各種領域。本節將介紹使用 Python 結合 OpenAI API 文本生成服務製作「考卷產生器」專題，透過此專題可自動化建置指定學科的 word 測驗試卷，加速教師進行考試出題。

執行結果

1. 本例需要在本機電腦安裝 docx-template 和 openai 套件才能執行，安裝方式請參閱本節 Step 02 和 Step 03 步驟。

2. 本例為 Python 視窗程式，請使用 Spyder 編輯器執行書附範例「ch11/AIExamGeneration」資料夾下的 AIExamGeneration.py，接著出現左下圖「考卷產生器」視窗。在此視窗指定考卷的學科名稱、章節範圍、考題題數、教師姓名，接著按下 生成試卷 鈕即會呼叫 OpenAI API 文本生成服務產生考卷題目，最後建立「試卷(含答案).docx」與「試卷(無答案).docx」兩份 word 考卷。如下圖：

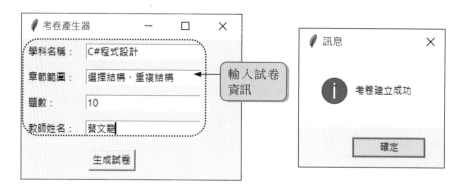

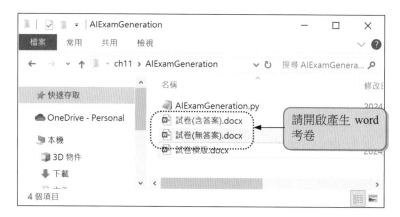

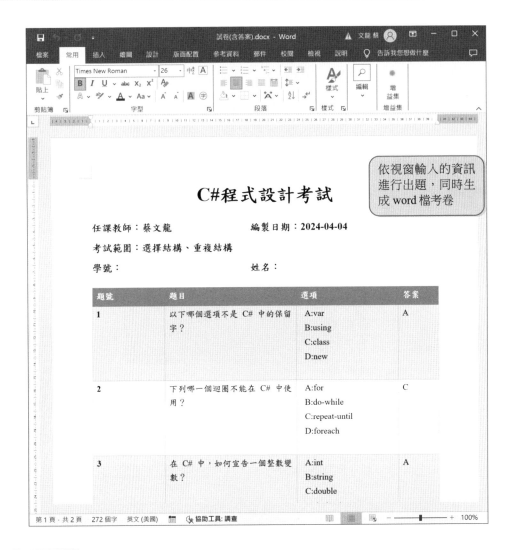

依視窗輸入的資訊進行出題，同時生成 word 檔考卷

Step 01 開啟 **Spyder** 編輯器，建立 **Python** 程式檔 **AIExamGeneration.py**：

Step 02 安裝 **docx-template** 套件：

本例要生成 Word 檔案，因此必須安裝 docx-template 套件。此套件可在 Word 檔案模版定義樣式，接著透過 Python 將資料填入模版中合併生成指定的 Word 檔案文件。

請依下圖操作開啟「Anaconda Prompt(Anacnda3)」命令提示視窗。

接著在「Anaconda Prompt(Anacnda3)」命令提示視窗輸入如下指令後按 Enter↵ 鍵，安裝 docx-template 套件。

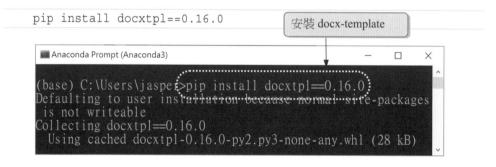

Step 03 安裝 **openai** 套件：

同上方法，在「Anaconda Prompt(Anacnda3)」命令提示視窗輸入「pip install openai」指令後按 Enter↵ 鍵，安裝 openai 套件。

Step 04　建立 **word** 模版範本：

建立如下「試卷模版.docx」檔，也可以直接使用書附範例「ch11
/AIExamGeneration/ 試 卷 模 版 .docx 」。如 下 word 模 版 中 的
「{{...}}」符號表示要替換成 Python 字典的鍵值資料，也就是
Python 字典物件擁有鍵 (key) 是 course_title、teacher、create_date、
chapters 與 exam_data 的內容。

Step 05　撰寫 **AIExamGeneration.py** 程式碼，程式碼需和試卷模版.docx
　　　　　在相同路徑下：

程式碼　FileName : AIExamGeneration.py

```
001 import openai
002 import tkinter as tk
003 import json
```

```
004 from tkinter import messagebox
005 from docxtpl import DocxTemplate
006 from datetime import datetime
007
008 # 按下生成試卷鈕執行 fnExamGenerate() 函式
009 def fnExamGenerate():
010     # 學科名稱 subject、章節範圍 chapters
011     # 出題數 num_questions 與教師姓名 teacher
012     subject = txtSubject_entry.get()
013     chapters = txtChapter_entry.get()
014     num_questions = txtNum_entry.get()
015     teacher = txtTeacher_entry.get()
016     # 若其中之一欄位沒有填寫則顯示對話方塊，並離開此函式
017     if subject=="" or chapters=="" or num_questions=="" or teacher=="":
018         messagebox.showinfo("訊息", "請正確填寫所有欄位")
019         return

020     # 取得當前日期和時間
021     current_datetime = datetime.now()
022     current_date = current_datetime.date()
023
024     # 範本檔名與試卷
025     template_file = "試卷模版.docx"
026     exam_file = "試卷(含答案).docx"
027     exam_file_noAns = "試卷(無答案).docx"
028
029     # 指定系統角色提示
030     system_content=f"你是一位教授「{subject}」的教師，請你以此身份回覆"
031     # 指定生成試題提示
032     user_content = f"請出「{num_questions}」題「{chapters}」的選擇
題，每一題使用 JSON 字串表示，JSON 格式為：\n"
033     user_content += '{{"exam_id": 題號, "question": "題目",
"options": ["A:選項1", "B:選項2", "C:選項3", "D:選項4"], "answer": "
答案"}},\n'
034     user_content += "所有題目的 JSON 以串列表示。"
```

```
035
036    # 呼叫 OpenAI API 成生試題
037    openai.api_key = 'OpenAIAPI 金鑰'
038    response = openai.chat.completions.create(
039        model = 'gpt-3.5-turbo',
040        messages = [
041            {'role':'system', 'content':system_content},
042            {'role': 'user', 'content': user_content}
043        ]
044    )
045    exam_json=response.choices[0].message.content
046    #印出成生的試題，並以 json 字串顯示
047    #print(exam_json)
048
049    #將 exam_json 轉成字典物件
050    exam_data = json.loads(exam_json)
051    # 印出每一題試題的內容，含題號、題目、選項、答案
052    # for item in exam_data:
053    #     print(item)
054    # 將 exam_data 的試題套到「試卷模版.docx」，建立包含答案的試卷(含答案).docx
055    doc = DocxTemplate(template_file)
056    exam_context = {
057        "create_date": current_date,
058        "course_title":subject,
059        "chapters":chapters,
060        "teacher": teacher,
061        "exam_data":exam_data
062    }
063    # 建立有答案的「試卷(含答案).docx」
064    doc.render(exam_context)
065    doc.save(exam_file)
066
067    # 建立沒有答案的 exam_date_noAns 串列
068    exam_date_noAns=[]
069    for item in exam_data:
```

```
070          item["answer"]=""
071          exam_date_noAns.append(item)
072
073      # 將 exam_date_noAns 的試題套到「試卷模版.docx」，建立沒有答案的試卷(無答案).docx
074      docnoAns = DocxTemplate(template_file)
075      exam_contextnoAns = {
076          "create_date": current_date,
077          "course_title":subject,
078          "chapters":chapters,
079          "teacher": teacher,
080          "exam_data":exam_date_noAns
081      }
082      # 建立無答案的「試卷(無答案).docx」
083      docnoAns.render(exam_contextnoAns)
084      docnoAns.save(exam_file_noAns)
085      messagebox.showinfo("訊息","考卷建立成功")
086
087 # 建立主視窗
088 root = tk.Tk()
089 root.title("考卷產生器")
090
091 # 建立學科名稱標籤和文字欄位
092 tk.Label(root, text="學科名稱：").grid(row=0, column=0, padx=5,
093 pady=5, sticky=tk.W)
094 txtSubject_entry = tk.Entry(root)
095 txtSubject_entry.grid(row=0, column=1, padx=5, pady=5, sticky=tk.E)
096
097 # 建立章節範圍標籤和文字欄位
098 tk.Label(root, text="章節範圍：").grid(row=1, column=0, padx=5,
099          pady=5, sticky=tk.W)
100 txtChapter_entry = tk.Entry(root)
101 txtChapter_entry.grid(row=1, column=1, padx=5, pady=5, sticky=tk.E)
102
103 # 建立題數標籤和文字欄位
104 tk.Label(root, text="題數：").grid(row=2, column=0, padx=5,
```

```
105     pady=5, sticky=tk.W)
106 txtNum_entry = tk.Entry(root)
107 txtNum_entry.grid(row=2, column=1, padx=5, pady=5, sticky=tk.E)
108
109 # 建立教師姓名標籤和文字欄位
110 tk.Label(root, text="教師姓名：").grid(row=3, column=0, padx=5,
111     pady=5, sticky=tk.W)
112 txtTeacher_entry = tk.Entry(root)
113 txtTeacher_entry.grid(row=3, column=1, padx=5, pady=5, sticky=tk.E)
114
115 # 建立生成試卷按鈕，按下此鈕執行 fnExamGenerate() 函式
116 btnExamGenerate = tk.Button(root, text="生成試卷",
117     command=fnExamGenerate)
118 btnExamGenerate.grid(row=4, columnspan=2, padx=5, pady=10)
119 # 執行行主程式迴圈
120 root.mainloop()
```

説明

1. 第 88~120 行：建立視窗程式，含有學科名稱、章節範圍、題數、教師姓名與 [生成試卷] 鈕。

2. 第 116~117 行：按下 [生成試卷] 鈕執行 fnExamGenerate() 函式。

3. 第 12~15 行：取得學科名稱、章節範圍、題數與教師姓名文字欄內容。

4. 第 21-22 行：取得目前的日期。

5. 第 25-27 行：指定模版範本檔名與考卷檔名。

6. 第 30,32,33,34 行：30 行指定系統角色；32~34 行提示生成的試題使用 JSON 表示。

7. 第 37-45 行：呼叫 OpenAI API 成生試題，將生成結果指定給 exam_json。

8. 第 50 行：將 exam_json 轉成字典物件。

9. 第 55~65 行：建立 word 物件 doc，使用 exam_context 字典物件並套入 試卷模版.docx 來建立「試卷(含答案).docx」。exam_context 字典物件對 應模版如下圖：

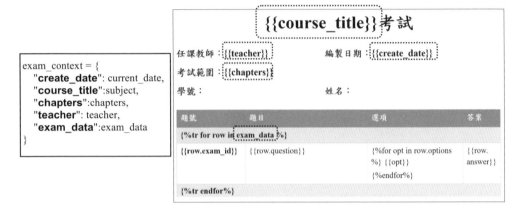

```
exam_context = {
    "create_date": current_date,
    "course_title":subject,
    "chapters":chapters,
    "teacher": teacher,
    "exam_data":exam_data
}
```

10. 第 68~71 行：建立沒有答案的 exam_date_noAns 串列。

11. 第 74~84 行：建立 word 物件 docnoAns，使用 exam_contextnoAns 字典 物件並套入試卷模版.docx 來建立「試卷(無答案).docx」。

11.3 網頁產生器

9.3 節範例網頁程式碼產生器，可使用 GPT-4o 分析網頁草圖生成 網頁程式碼。這延續 9.3 節範例製作「網頁產生器」專題，除了使用 GPT-4o 分析網頁草圖產生程式碼，同時整合 Image API 進行 AI 繪圖 生成網頁需要的圖檔，最後再使用檔案處理函式將成生的程式碼儲存 成網頁檔。

執行結果

1. 本例需要在本機電腦安裝 openai 套件才能執行，安裝方式請參閱 本節 Step 02 步驟。

2. 本例為 Python 視窗程式，請使用 Spyder 編輯器執行書附範例
「ch11/AIHtmlGeneration」資料夾下的 AIHtmlGeneration.py，接
著出現下圖「網頁產生器」視窗。

3. 在此視窗按下 瀏覽圖檔 鈕選擇網頁草圖(存放 ch11/webPageLayout
資料夾)，輸入圖檔提示，最後 分析圖檔 鈕，接著即會在目前程式路
徑產生 image.jpg 與 sample.html 網頁，同時生成的程式碼會顯示在
視窗多行文字欄位。

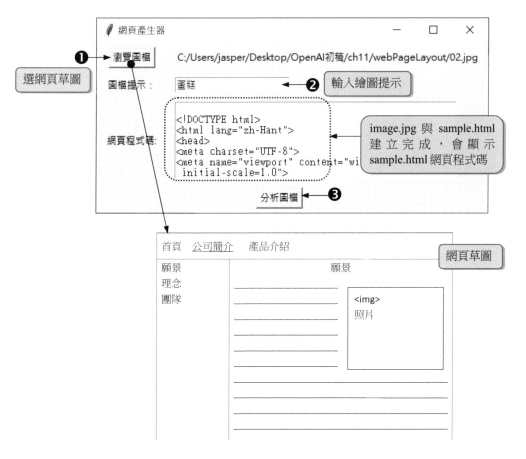

4. 本例執行程式兩次生成如下網頁僅供參考,可能和讀者建立的不一樣。

Step 01 開啟 **Spyder** 編輯器，建立 **Python** 程式檔 **AIHtmlGeneration.py**：

Step 02 安裝 **Openai** 套件：

請依下圖操作開啟「Anaconda Prompt(Anacnda3)」命令提示視窗。

接著在「Anaconda Prompt(Anacnda3)」命令提示視窗輸入「**pip install openai**」指令後按 Enter↵ 鍵，安裝 openai 套件。

Step 03 撰寫 **AIHtmlGeneration.py** 程式碼：

程式碼 FileName : AIHtmlGeneration.py

```
001 import base64
002 import requests
003 import openai
004 import re
005 import os
006 import tkinter as tk
007 from tkinter import filedialog, messagebox
008
```

```
009  html_file_name="sample.html"    #生成網頁檔名

010  image_file_name="image.jpg"      #生成圖檔檔名

011

012  # OpenAI API 金鑰

013  openapi_key="OpenAIAPI 金鑰 "

014

015  # 將 image_path 的圖片讀取並進行 Base64 編碼，最後將編碼後的字串以 UTF-8 解碼傳回

016  def EncodeImage(image_path):

017   with open(image_path, "rb") as image_file:

018     return base64.b64encode(image_file.read()).decode('utf-8')

019

020  # 進行視覺分析取得網頁程式碼

021  def Vision(image):

022   api_key =  openapi_key

023   base64_image = EncodeImage(image)

024   headers = {

025     "Content-Type": "application/json",

026     "Authorization": f"Bearer {api_key}"

027   }

028   payload = {

029     "model":"gpt-4o",  #建議使用 gpt-4o，在非英語語言方面具有最佳的視覺和表現

030     "messages":[

031       {

032         "role":"user",

033         "content": [

034           {"type":"text","text":"圖像為網頁佈局設計草圖，請提供網頁的
HTML 和 CSS 程式碼就可以，且 CSS 程式碼放在<style>內，將<img>的 src 皆指定為
image.jpg。"},

035           {"type":"image_url",

036             "image_url":{"url": f"data:image/jpeg;base64,{base64_image}"}}

037         ]

038       }

039     ],

040     "max_tokens": 2000

041   }
```

```
042  response=requests.post("https://api.openai.com/v1/chat/completions",
043      headers=headers,json=payload)
044  dictRes = response.json()
045  return dictRes['choices'][0]['message']['content']
046
047  # OpenAI 生成圖檔，並傳回圖檔網址
048  def GImageUrl(imgPrompt):
049      openai.api_key=openapi_key
050      response = openai.images.generate(
051          model="dall-e-2",    #使用 dall-e-2 模型，可自行替換
052          prompt=imgPrompt,
053          size="512x512",
054          quality="standard",
055          n=1,
056      )
057      # 圖片的 URL
058      return response.data[0].url
059
060  # 按 [瀏覽圖檔] 鈕執行 fnBrowseImage() 函式
061  def fnBrowseImage():
062      file_path = filedialog.askopenfilename(
063          filetypes=[("Image files", "*.jpg;*.jpeg;*.png")])
064      if file_path:
065          lblImage.config(text=file_path)# lblImage 顯示選擇的圖檔檔名
066
067  # 按 [分析圖檔] 鈕執行 fnAnalyzeImage() 函式
068  def fnAnalyzeImage():
069      # 取得圖檔檔名
070      image_filename = lblImage.cget("text")
071      # 若 image_filename 圖檔名稱為空，則顯示對話對話方塊
072      if image_filename=="":
073          messagebox.showinfo("上傳圖檔",
074              "請按 [瀏覽圖檔] 鈕，選擇要分析的網頁佈局圖")
075          return # 離開 fnAnalyzeImage 函式
076      # 使用正規表達式(Regualr expression)找到被「```html」~「```」括住的內容
```

```
077    match = re.search(r"```html(.*?)```",
078          Vision(image_filename), re.DOTALL)
079    html_content=""
080    if match:
081        # 提取匹配的字串，即找被「```html」~「```」括住的字串，再指定給 html_content
082        html_content = match.group(1)
083        txtHtmlContent.delete(1.0, tk.END)
084        # 將生成的網頁程式碼顯示在 description_text 內
085        txtHtmlContent.insert(tk.END, html_content)
086
087        # 若網頁中有 img，即生成圖檔
088        if "img" in html_content:
089            # 圖片提示
090            imgPrompt = txtImgPrompt.get()
091            # 圖片的 URL
092            image_url = GImageUrl(imgPrompt)
093            # 發送 HTTP 請求，下載圖片
094            response = requests.get(image_url)
095            # 檢查請求是否成功
096            if response.status_code == 200:
097                # 將圖片儲存到目前路徑
098                with open(image_file_name, "wb") as image_file:
099                    image_file.write(response.content)
100            else:
101                messagebox.showinfo("圖片生成失敗",
102                    f"無法下載圖片，HTTP 狀態碼:{response.status_code}")
103        # 打開檔案並寫入 HTML 內容
104        with open(html_file_name, 'w', encoding='utf-8') as html_file:
105            html_file.write(html_content)
106            os.startfile(html_file_name)
107    else:
108        messagebox.showinfo("分析結果", f"網頁成生失敗")
109
110 # 主視窗
111 root = tk.Tk()
```

```
112 root.title("網頁產生器")
113
114 # [瀏覽圖檔] ，按下此鈕執行 fnBrowseImage()函式，可進行選圖
115 btnBrowse=tk.Button(root, text="瀏覽圖檔", command=fnBrowseImage)
116 btnBrowse.grid(row=0, column=0, padx=10, pady=5)
117 lblImage = tk.Label(root, text="")
118 lblImage.grid(row=0, column=1, columnspan=2, padx=10, pady=5)
119
120 # 圖檔提示單行文字欄
121 lblImgPrompt = tk.Label(root, text="圖檔提示：")
122 lblImgPrompt.grid(row=1, column=0, padx=10, pady=5)
123 txtImgPrompt = tk.Entry(root)
124 txtImgPrompt.grid(row=1, column=1, padx=10, pady=5, sticky=tk.W)
125
126 # 網頁程式碼多行文字方塊
127 lblHtmlContent = tk.Label(root, text="網頁程式碼:")
128 lblHtmlContent.grid(row=2,column=0,sticky="w", padx=10, pady=5)
129 txtHtmlContent = tk.Text(root, width=50, height=7)
130 txtHtmlContent.grid(row=2,column=1,columnspan=2,padx=10,pady=5,
131     sticky=tk.W)
132
133 # [分析圖檔] 按鈕，按下此鈕執行 fnAnalyzeImage()函式
134 btnAnalyze=tk.Button(root, text="分析圖檔", command=fnAnalyzeImage)
135 btnAnalyze.grid(row=3, column=1, padx=10, pady=5)
136
137 # 啟動視窗主迴圈
138 root.mainloop()
```

🔄 說明

1. 第 111~138 行：建立視窗程式，含有 lblImage 標籤、btnAnalyze [瀏覽圖檔] 與 btnBrowse [分析圖檔] 鈕，以及 txtImgPrompt 圖檔提示與 txtHtmlContent 網頁程式碼文字欄。

2. 第 115 行：按下 [瀏覽圖檔] 鈕執行 fnBrowseImage() 函式。

3. 第 134 行：按下 [分析圖檔] 鈕執行 fnAnalyzeImage() 函式。

4. 第 9~10 行：指定生成網頁檔名為 sample.html，生成圖檔檔名為 image.jpg。

5. 第 16~18 行：定義 EncodeImage() 函式將指定路徑的 image_path 圖像，以二進制模式打開圖檔，將其編碼為 base64 字串然後回傳。

6. 第 21~45 行：定義 Vision() 函式來處理 image 影像，處理過後傳回 image 視覺解析的結果。

7. 第 34 行：提示詞為「圖像為網頁佈局設計草圖，請提供網頁的 HTML 和 CSS 程式碼就可以，且 CSS 程式碼放在<style>內，將<img>的 src 皆指定為 image.jpg。」，請模型依照草圖輸出網頁程式碼。

   ● 「圖像為網頁佈局設計草圖，請提供網頁的 HTML 和 CSS 程式碼就可以」此提示主要請 OpenAI API 只要產生程式碼就好，其他的說明就不需要產生了。

   ● 「且 CSS 程式碼放在<style>內」此提示主要請 OpenAI API 將 Html 與 CSS 合併在一起，以利後續直接儲存成網頁檔。

   ● 「將<img>的 src 皆指定為 image.jpg」此提示主要請 OpenAI API 將生成的 Html 含有<img>標籤的圖檔路徑皆設為 image.jpg。

8. 第 48~58 行：定義 GImageUrl() 函式依 imgPrompt 提示建立圖檔，並傳回圖檔的路徑。

9. 第 61~65 行：按下 [瀏覽圖檔] 鈕會執行 fnBrowseImage () 函式。此函式可將選擇的圖檔路徑顯示在 lblImage 標籤元件上。

10. 第 68~108 行：按下 [分析圖檔] 鈕會執行 fnAnalyzeImage() 函式。此函式可建立圖檔、分析網頁草圖產生程式碼，最後將程式碼儲存成 sample.html 網頁檔。

11. 第 77~78 行：執行 Vision() 函式分析 image_file 網頁草圖生成的程式碼，生成的程式碼如下會被「```html」~「```」括住。

````html
<!DOCTYPE html>
<html lang="zh-Hant">
<head>
<meta charset="UTF-8">
<meta name="viewport" content="width=device-width, initial-scale=1.0">
<title>網頁佈局設計</title>
<style>
  body {
    margin: 0;
    font-family: Arial, sans-serif;
……
…….
</body>
</html>
````

使用正規表達式（Regualr expression）找到被「```html」~「```」括住的內容，若找到會傳回 Match 物件。

12. 第 80~85 行：若找到符合的網頁程式碼，也就是找被「```html」~「```」括住的字串，接著將這些字串指定給 html_content，同時顯示在 txtHtmlContent 多行文字欄中。

13. 第 88~102 行：若網頁程式碼含有 img 元素 (即<img>標籤)，即呼叫 GimageUrl() 函式生成圖檔，同時將生成的圖檔下載到目前程式路徑。

14. 第 104~106 行：將 html_content 網頁程式碼內容儲存成 html_file_name 指定的 sample.html 網頁檔。

OpenAI API 基礎必修課｜使用 Python

作　　者：蔡文龍 / 何嘉益 / 張志成 / 張力元
企劃編輯：江佳慧
文字編輯：王雅雯
設計裝幀：張寶莉
發 行 人：廖文良

發 行 所：碁峰資訊股份有限公司
地　　址：台北市南港區三重路 66 號 7 樓之 6
電　　話：(02)2788-2408
傳　　真：(02)8192-4433
網　　站：www.gotop.com.tw
書　　號：ACL070600
版　　次：2024 年 06 月初版
　　　　　2024 年 09 月初版二刷
建議售價：NT$520

國家圖書館出版品預行編目資料

OpenAI API 基礎必修課：使用 Python / 蔡文龍, 何嘉益, 張志
成, 張力元著. -- 初版. -- 臺北市：碁峰資訊, 2024.06
　　面；　公分
　ISBN 978-626-324-810-6(平裝)
　1.CST：人工智慧　2.CST：Python(電腦程式語言)
312.83　　　　　　　　　　　　　　　　113006306